ABITUR Skript

Biologie

Gymnasium · Gesamtschule
NRW

Alex

STARK

Inhalt

Angewandte Genetik

Informationsverarbeitung im Nervensystem

Ökologische Verflechtungen

Evolution

Autor: Rolf Brixius

Vorwort

Liebe Schülerin, lieber Schüler,

dieses handliche Buch bietet Ihnen einen systematischen **Leitfaden** zu allen Lehrplaninhalten, die Sie im Biologie-Abitur in Nordrhein-Westfalen im **Leistungskurs** und im **Grundkurs** benötigen.
Durch seinen klar strukturierten Aufbau eignet sich der Band in erster Linie zur Auffrischung und Wiederholung des Prüfungsstoffs kurz vor dem Abitur.

- Am Beginn jedes Kapitels finden Sie eine **Übersicht**, die die Zusammenhänge im jeweiligen Stoffgebiet darstellt.
- Passgenaue **Beispiele** sind durch eine Glühbirne markiert und veranschaulichen die Theorie.
- Für das **schriftliche Grundkurs-Abitur nicht relevante Inhalte** sind mit einer Linie am Seitenrand deutlich gekennzeichnet.
- Die Lerninhalte werden durch aussagekräftige **Abbildungen** und **tabellarische Übersichten** verdeutlicht.
- Das **Stichwortverzeichnis** führt Sie schnell und treffsicher zum gesuchten Lernstoff.

Viel Erfolg bei der Abiturprüfung und gutes Gelingen!

Rolf Brixius

Rolf Brixius

Die folgenden Inhalte werden zwar für die schriftliche Abiturprüfung im Grundkurs nicht als bekannt vorausgesetzt, können aber gegebenenfalls bei der **mündlichen Abiturprüfung** thematisiert werden:

- Kapitel 6.3 (Genregulation bei Eukaryoten durch epigenetische Mechanismen), S. 18 f.
- Kapitel 7 (Störung der Genregulation – Entstehung von Krebs), S. 19 f.
- Kapitel 4.1 (Stammzellen), S. 28 f.
- Kapitel 2.1 (Fotosynthese der grünen Pflanzen), S. 56, 57, 58 (bis 5. Zeile von oben) und 60
- Kapitel 3.4 (Belege aus der vergleichenden Molekularbiologie), S. 80 f.
- Kapitel 6.2 (Fortpflanzungsstrategien), S. 90 f.

Zellbiologische Grundlagen

Hauptsatz der Biologie: *„Omnis cellula e cellula."* (Jede Zelle entstammt einer Zelle; VIRCHOW, 1855)

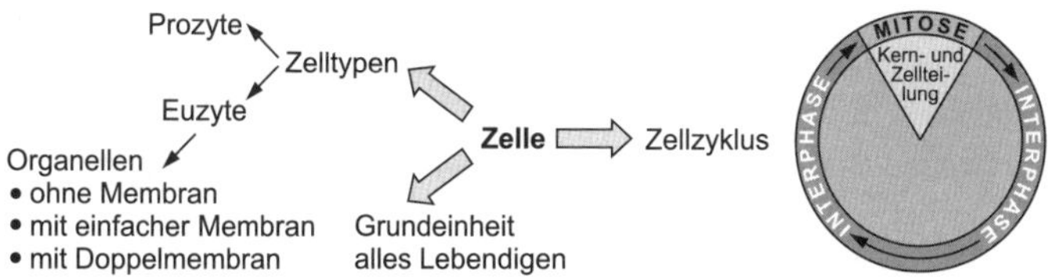

1 Prokaryotische und eukaryotische Zellen

	Protozyte (Prozyte)	Euzyte
Kennzeichen	Kein Zellkern; Erbsubstanz (Bakterienringchromosom + Plasmide) frei im Zellplasma	Zellkern mit Chromosomen
	Keine Kompartimentierung ⇒ keine Zellorganellen bis auf Ribosomen	Kompartimentierung durch innere Membranen ⇒ diverse Zellorganellen
Vorkommen	Prokaryoten: Bakterien, Cyanobakterien (Blaualgen)	Eukaryoten: Pflanzen, Pilze, Tiere, Mensch

Organellen in eukaryotischen Zellen:

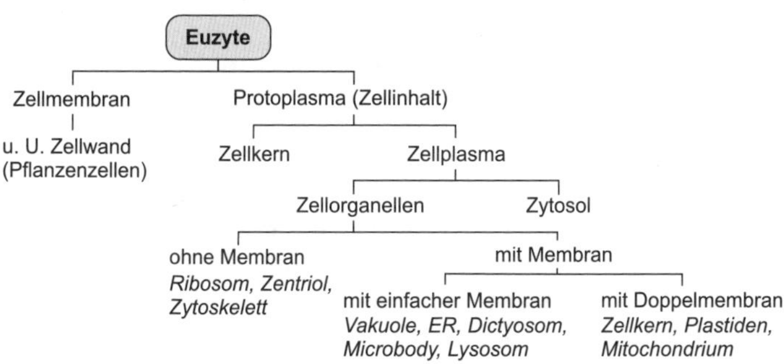

2 Die Zelle – Grundeinheit des Lebens

2.1 Kennzeichen des Lebendigen

- zelluläre Organisation
- Fortpflanzung und Individualentwicklung
- Stoff- und Energiewechsel
- Bewegung aus eigener Kraft
- Selbstregulation (Homöostase)
- Reizbarkeit und Informationsverarbeitung
- Reproduktionsfähigkeit
- Körpergestalt und Wachstum

2.2 Der Zellzyklus eukaryotischer Zellen

Zellzyklus: Abfolge von Mitosephase und Interphase.
- **Mitose:** Kernteilung, die der Zellteilung vorausgeht.
- **Interphase:** Phase der Zellaktivität zwischen zwei Teilungen.

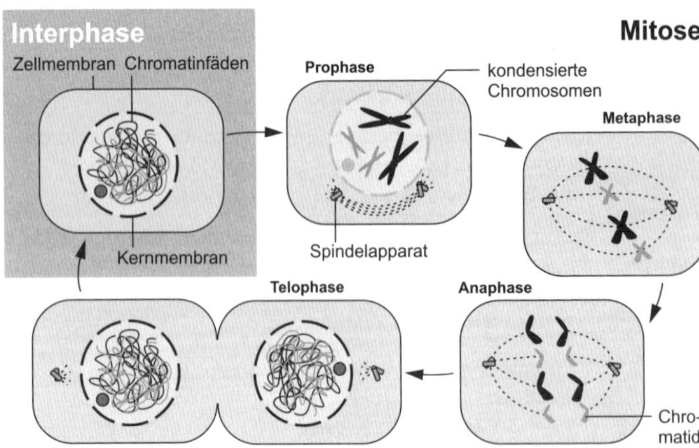

Mitose

- **Ergebnis:** Gleichmäßige Verteilung der Erbsubstanz auf die Tochterzellen ⇒ zwei erbgleiche Tochterzellen.
- **Ablauf:** Einteilung in vier unterschiedlich lange Phasen:
  - **Prophase:** Kondensation (Spiralisierung) der Zwei-Chromatid-Chromosomen („Arbeitsform“ → „Transportform“).

- **Metaphase:** Anordnung der Chromosomen mittels Spindel(faser)apparat in Äquatorialebene der Zelle.
- **Anaphase:** Chromatiden (Spalthälften) jedes Chromosoms werden getrennt (Zwei-Chromatid-Chromosomen → Ein-Chromatid-Chromosomen) und zu den Spindelpolen (Zellpolen) gezogen.
- **Telophase:** Zwei neue Zellkerne (Tochterzellkerne) bilden sich; Zellplasma teilt sich. Chromosomen dekondensieren wieder („Transportform" → „Arbeitsform").

Interphase

- **Aufgabe:** Verdopplung der Erbsubstanz, Bereitstellung von Energie und Material für Zellwachstum und nächste Zellteilung.
- Chromosomen in der „Arbeitsform" (langgestreckt, wenig spiralisiert) ⇒ Genexpression kann stattfinden.
- **Ablauf:** Einteilung in drei unterschiedlich lange Phasen:
  - **G_1-Phase:** Wachstumsphase der Zelle mit intensiver Proteinbiosynthese.
  - **S-Phase:** DNA-Verdopplung: Ein-Chromatid-Chromosomen → Zwei-Chromatid-Chromosomen.
  - **G_2-Phase:** Abschluss der Vorbereitungen auf nächste Zellteilung; bei Feststellung gravierender Fehler: **Apoptose** („Selbstmordprogramm" der Zelle, programmierter Zelltod) wird gestartet.
- **G_0-Phase:** Dauerzustand bei Zellen mit eingestellter Teilungsaktivität (dauerhafte G_1-Phase).

Vom Gen zum Merkmal

1 Die Erbsubstanz und ihre Replikation

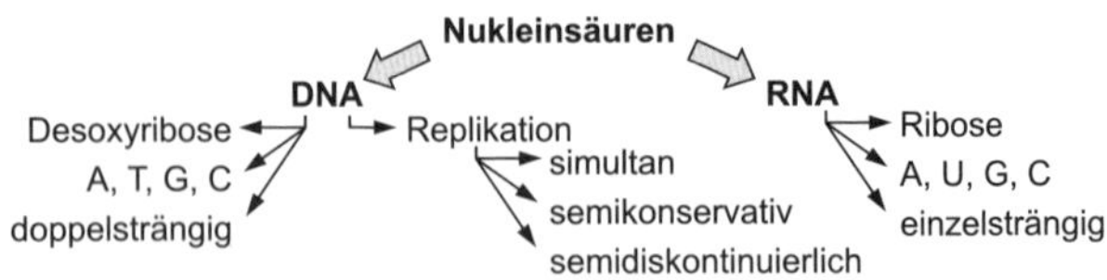

1.1 Bau und Struktur der Nukleinsäuren

Kleinster Baustein: **Nukleotid** → Einheit aus Zuckermolekül, Phosphorsäurerest (Phosphatrest) und Base.

	DNA	RNA
Phosphorsäurerest	vorhanden	vorhanden
Zucker	Desoxyribose (Pentose)	Ribose (Pentose)
organische Basen	Adenin (A), Thymin (T), Guanin (G), Cytosin (C)	Adenin (A), Uracil (U), Guanin (G), Cytosin (C)

Die Nukleotide sind zu einem **Polynukleotidstrang** verbunden.

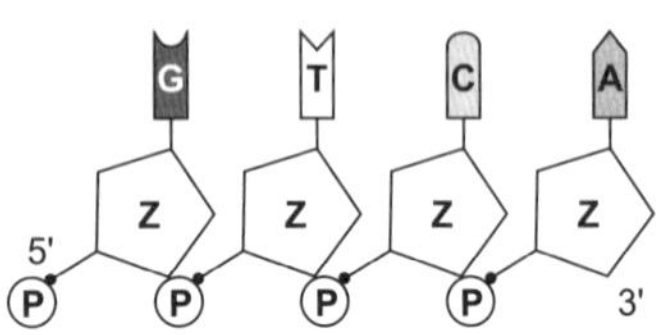

- 5'-Ende: Phosphorsäurerest
- 3'-Ende: Zucker (Pentose)

Die **Abfolge der Basen (Basensequenz)** innerhalb des Strangs codiert die genetische Information. Je nach **Leserichtung** (5' → 3' oder 3' → 5') ergibt sich eine andere Information.

1.2 Bau des DNA- und des RNA-Moleküls

DNA

Normalerweise aus **zwei Polynukleotidsträngen**, die in gegenläufiger Richtung verlaufen → **Antiparallelität**.
Polynukleotidstränge bilden **Doppelhelix** → „gedrehte Strickleiter"; Phosphorsäurereste und Desoxyribose-Moleküle als „Holme", und Basen als „Sprossen".
Komplementäre Basenpaarung (Komplementaritätsregel): Adenin steht immer Thymin gegenüber, Guanin immer Cytosin; Verbindung über **Wasserstoffbrückenbindungen**.

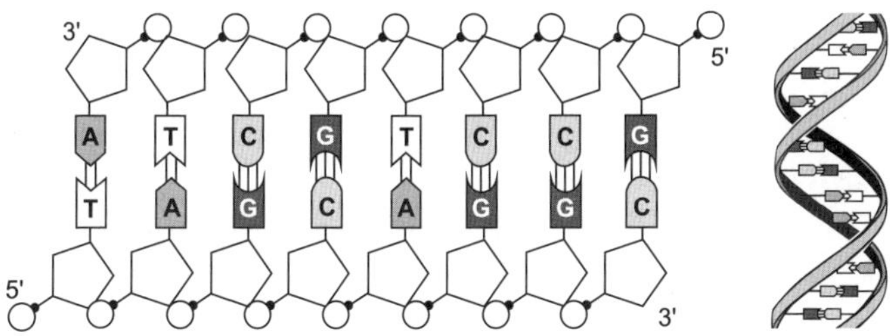

Nur einer der beiden Stränge trägt die Information, die ein **Gen** ausmacht (siehe S. 9).

Chromosomen der Eukaryoten: Verpackungsform der genetischen Information (siehe S. 2 f. und 29); bestehen aus DNA und Proteinen.

RNA

- einzelsträngig
- unterschiedliche z. T. gefaltete Formen: z. B. mRNA, tRNA, rRNA
- Base Uracil (U) statt Thymin
- Ribose statt Desoxyribose

1.3 Replikation – die Verdopplung der DNA

Replikation: Identische Verdopplung der DNA. An jedem der beiden Polynukleotidstränge des DNA-Moleküls entsteht dabei ein neuer Strang → **semikonservative Verdopplung:**

- **Entspiralisierung** des DNA-Doppelstrangs und **Lösen der Wasserstoffbrückenbindungen** zwischen den Basen mithilfe des Enzyms **Helicase**.
- **Einzelstrangbindende Proteine** verhindern Wiederverbindung der getrennten Stränge.
- Enzym **DNA-Polymerase** synthetisiert, ausgehend von **Primern** (kurze RNA-Stücke), an den Einzelsträngen neue komplementäre Stränge unter Verwendung freier Nukleotide; Verbindung der Nukleotide eines Strangs über Elektronenpaarbindungen.
- Am **Leitstrang** kann der neue Strang durch die DNA-Polymerase **kontinuierlich** (beginnend am 3'-Ende) in 5' → 3'-Richtung synthetisiert werden.
- Am **Folgestrang** müssen immer wieder neue Primer als Ansatzpunkte für DNA-Polymerase gesetzt werden ⇒ neu synthetisierter Strang besteht zunächst aus Einzelstücken **(Okazaki-Fragmente)** ⇒ diskontinuierliche Synthese.
- Primer werden enzymatisch durch DNA-Nukleotide ersetzt.
- Enzym **Ligase** verbindet die Fragmente miteinander.
- Gleichzeitige (simultane) Synthese beider Stränge.

Ergebnis: Zwei identische DNA-Moleküle → **semikonservative, semidiskontinuierliche, simultane Replikation**.

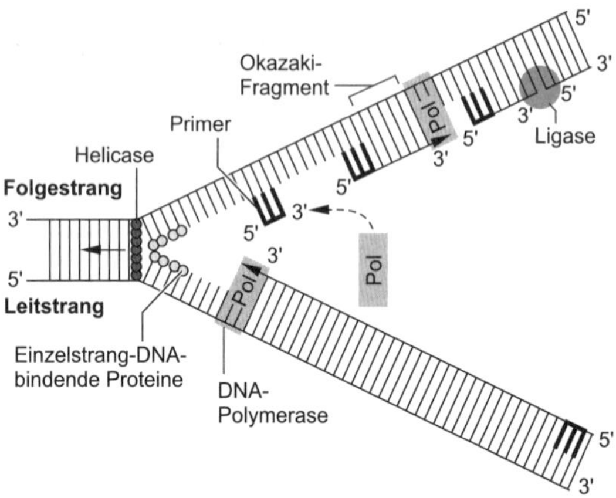

2 Der genetische Code

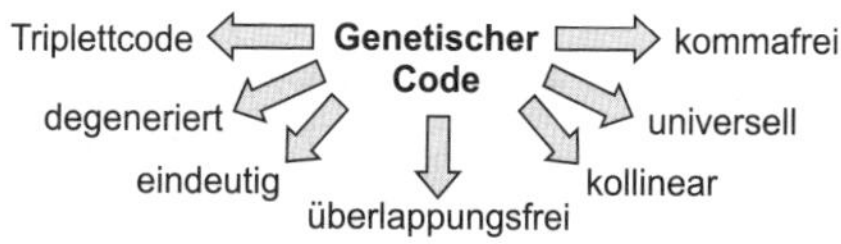

Gen: Abschnitt der DNA, der die Information für die Synthese eines Proteins oder einer bestimmten RNA enthält.

Ein-Gen-ein-Polypeptid-/RNA-Molekül-Hypothese: Ein Gen steuert als Teil der DNA die Synthese eines bestimmten Polypeptids oder eines RNA-Moleküls.

Code: System von Zeichen zur Verschlüsselung, Übertragung und Speicherung von Informationen.

2.1 Entschlüsselung des genetischen Codes

Eine Kombination von **Basentripletts** (jew. 3 Basen) ermöglicht die Codierung aller 20 Aminosäuren → $4^3 = 64$ verschiedene **Tripletts**.

Entschlüsselung des genetischen Codes durch Herstellung von Polynukleotidsträngen mit unterschiedlichen, wechselnden Basenabfolgen.

- Basenidentische Polynukleotide:
  Poly-A → Lysin Poly-G → Glycin
  Poly-U → Phenylalanin Poly-C → Prolin
- Polynukleotide mit zwei Basen in alternierender Reihenfolge:
  UGUGUGUGUG … ⇒ je nach Beginn des Polynukleotids:
  UGU – GUG – UGU … → Lysin – Valin – Lysin … oder:
  GUG – UGU – GUG … → Valin – Lysin – Valin …

Von den 64 Tripletts codieren 61 jeweils eine Aminosäure. 4 Tripletts sind Start- oder Stopp-Codons.

2.2 Eigenschaften des genetischen Codes

- Der genetische Code ist ein **Triplettcode**.
- Meist codiert mehr als ein Basentriplett die gleiche Aminosäure → **Degeneration**.

- Die Basenfolge in der DNA wird ohne Pausenzeichen gelesen → **kommafrei**. Es gibt **keine Überlappungen** zwischen den Tripletts.
- Der genetische Code ist **universell** (bei allen Lebewesen gleich), **eindeutig** (eine bestimmte Nukleotidsequenz legt eine entsprechende Aminosäuresequenz fest) und **kollinear** (Triplettsequenz entspricht Aminosäuresequenz).

Die Code-Sonne

- **Übersetzungshilfe:** mRNA-Basentripletts (siehe S. 9 f.) → Aminosäuren
- **Leserichtung** von innen (5') nach außen (3')

Ablesebeispiel:

DNA (codogen)	3'... TAC TGA AGC ...5'
mRNA	5'... AUG ACU UCG ...3'
Aminosäuren	– Met – Thr – Ser –

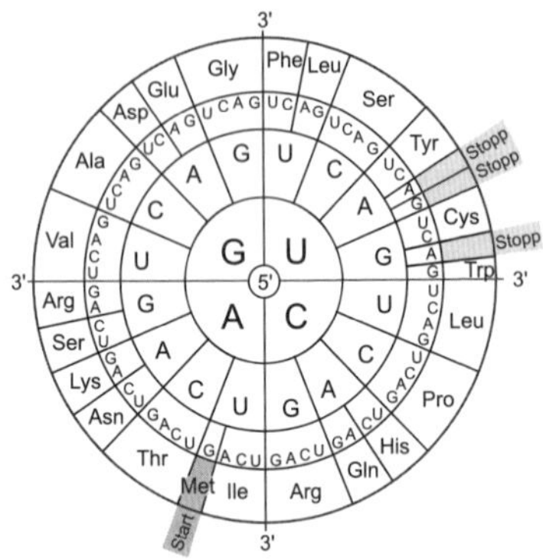

3 Die Proteinbiosynthese

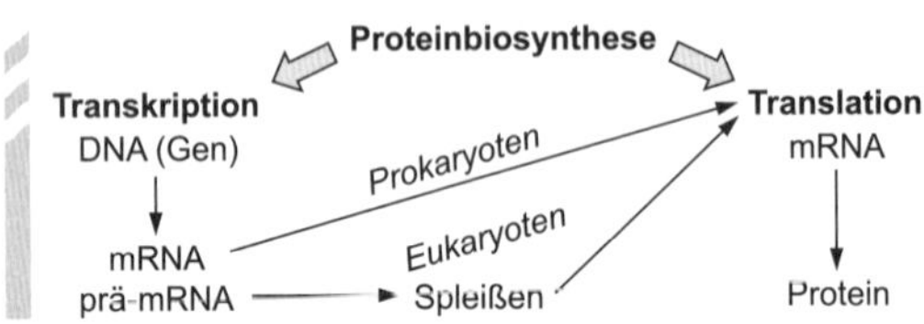

Aufklärung der Proteinbiosynthese durch Untersuchungen der Bestandteile von Zellhomogenat ⇒ Nachweis, dass Ribosomen, mRNA und tRNA beteiligt sind.

Die Proteinbiosynthese erfolgt in zwei Schritten:

- **Transkription**
- **Translation**

3.1 Transkription

Die Basensequenz eines Gens wird in die Basensequenz der **messenger-RNA (mRNA) umgeschrieben (transkribiert)**; bei Eukaryoten im Zellkern, bei Prokaryoten im Zellplasma.

Beginn der Transkription bei Eukaryoten

- **Transkriptionsfaktoren** bilden mit **Promotor** und **regulatorischen DNA-Sequenzen** (Enhancer oder Silencer) eine Einheit.
- RNA-Polymerase kann sich dadurch am Promotor anlagern.

Ablauf der Transkription

- Enzym **RNA-Polymerase** lagert sich an die **Promotor-Region** des zu transkribierenden Gens an.
- RNA-Polymerase entwindet und öffnet Doppelstrang.
- Ablesen des **codogenen Strangs (Matritzenstrang)** vom 3'- zum 5'-Ende.
- Freie RNA-Nukleotide lagern sich nach der Komplementaritätsregel an die Basen des codogenen Strangs an (U paart sich mit A).

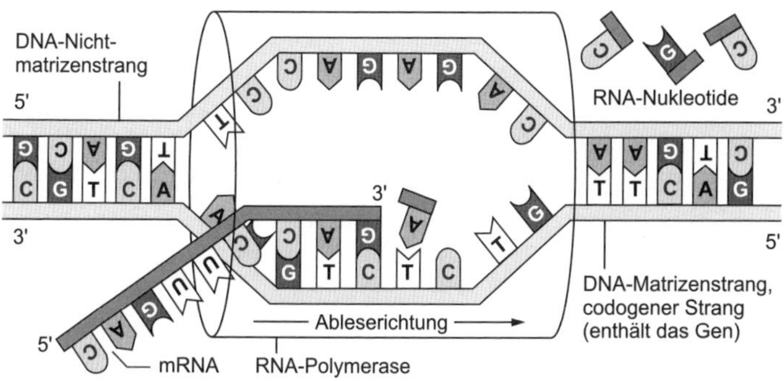

Ergebnis: Ein mRNA-Einzelstrang; bei Eukaryoten die prä-mRNA.

Spleißen

Die **prä-mRNA** wird bei **Eukaryoten**, bevor sie als **reife mRNA** den Zellkern verlässt, dem Prozess des **Spleißens** unterzogen:

- Anhängen eines **Poly-A-Schwanzes** als Abbauschutz am 3'-Ende.
- Aufsetzen einer **Kappe** aus methyliertem Guanin als Abbauschutz am 5'-Ende.
- Entfernen der **Introns** (nicht codierende Bereiche) → **Exons** bleiben übrig und werden miteinander verbunden.

Möglichkeit des **alternativen Spleißens:**
- Einzelne Exons können in unterschiedlicher Reihenfolge miteinander verbunden werden.
- Einzelne Exons werden entfernt und dafür Introns in der mRNA belassen.

⇒ Erhöhung der Proteinvielfalt.

3.2 Translation

Die Abfolge der Basentripletts der mRNA wird mithilfe der **transfer-RNAs (tRNA)** und der **Ribosomen** in eine **Abfolge von Aminosäuren** eines Proteins **übersetzt (translatiert)**.

Bau der tRNA

- Kurzer RNA-Strang; in einigen Bereichen mit komplementärer Basenpaarung ⇒ kleeblattähnliche Form mit drei „Schleifen".
- Mittlere Schleife: weist **Anticodon** auf → Bindung an komplementäre mRNA-Tripletts möglich.
- Am 3'-Ende: **Bindestelle** für eine spezifische **Aminosäure**.

⇒ 61 verschiedene tRNAs, da 61 unterschiedliche Tripletts, die für Aminosäuren codieren.

Ablauf der Translation

- **Initiation:**
  - Kleine und große Untereinheit eines Ribosoms fügen sich zum funktionstüchtigen **Ribosom** zusammen.
  - mRNA-Molekül lagert sich (unter Vermittlung der „Kappe" am 5'-Ende) mit **Start-Codon** (stets AUG) an kleinere Untereinheit an. Zwei mRNA-Basentripletts (zwei **Codons**) liegen im Bereich des Ribosoms.

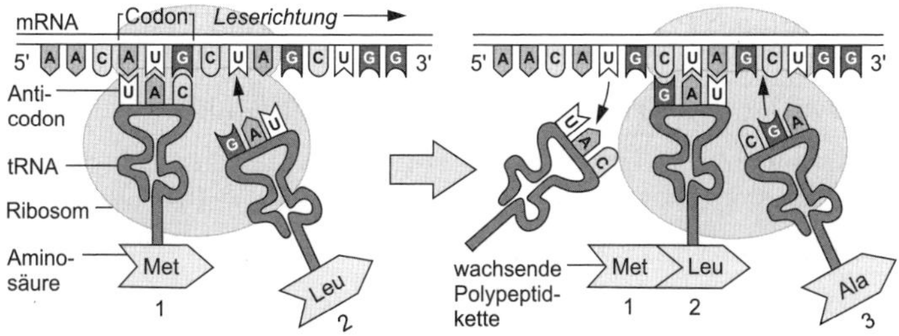

- **Elongation:**
  - Nacheinander Anlagerung von zwei mit **Aminosäuren** beladenen **tRNA-Molekülen** mit ihren **Anticodons** an die Codons im Bereich des Ribosoms (nach der Komplementaritätsregel).
  - Verbindung der Aminosäuren der beiden tRNA-Moleküle über Peptidbindung.
  - Nach der Bindung: Weiterrücken des Ribosoms zum nächsten Codon → Ribosom bewegt sich in Triplett-Schritten über die mRNA.
  - Bindung zwischen erstem tRNA-Molekül und Aminosäure löst sich → gebildete Aminosäurekette wird von nachrückendem tRNA-Molekül gehalten → nun aminosäurefreies tRNA-Molekül wird aus dem Ribosom freigesetzt → wird im Zellplasma wieder mit spezifischer Aminosäure beladen.
  - Neue beladene tRNA nimmt freien Platz an der mRNA im Ribosom ein usw.
- **Termination:**
  - Ribosom gelangt an ein Stopp-Codon (z. B. UGA) in der mRNA.
  - Keine weitere Anlagerung von tRNA-Molekülen mehr möglich.
  - Ribosom zerfällt in seine beiden Untereinheiten.
  - Gebildete Aminosäurekette nimmt ihre durch die **Primärstruktur** (Aminosäureabfolge) festgelegte **Sekundär- und Tertiärstruktur** ein.

Polysom: Mehrere Ribosomen wandern gleichzeitig einen mRNA-Strang entlang.

3.3 Vergleich Proteinbiosynthese bei Pro- und Eukaryoten

	Prokaryoten	**Eukaryoten**
Codierung der DNA	Es gibt nur codogene Bereiche.	Es existieren nicht-codogene Bereiche.
Transkription	im Zellplasma	im Zellkern
Promotor	ein Promotor für mehrere Strukturgene	ein Promotor für jedes Gen
Translation	im Zellplasma	im Zellplasma
Ablauf der beiden Teilschritte	am gleichen Ort; Beginn der Translation vor Ende der Transkription	räumlich getrennt, zeitlich nacheinander
Bearbeitung der mRNA (Reifung)	keine	Anfügen von Kappe + Poly-A-Schwanz, Spleißen
Existenzdauer der mRNA	kurzlebig, meist kürzer als 2 Minuten	langlebig
Ribosomen	70S-Ribosomen; $10^4 - 2 \cdot 10^4$ pro Zelle	80S-Ribosomen; $10^5 - 10^7$ pro Zelle (Zellplasma)
Geschwindigkeit	Faktor 1	Faktor 10

4 Mutationen

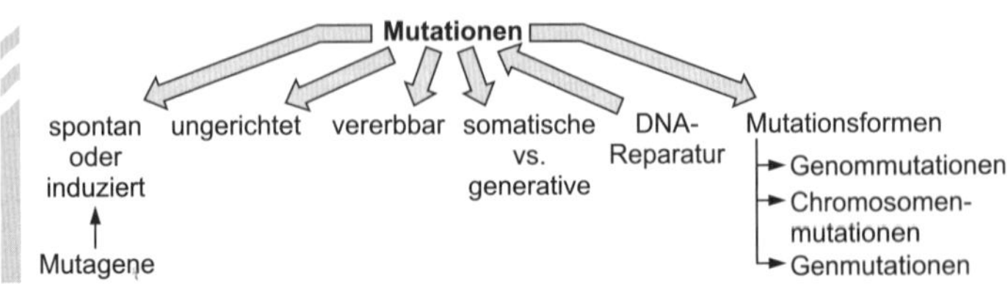

4.1 Entstehung und Wirkung

Mutation: Spontane oder (durch Mutagene, siehe S. 13) induzierte, ungerichtete und unter Umständen (generative Mut.) vererbbare qualitative und/oder quantitative Veränderung des genetischen Materials.

Beim Menschen: Mutationsrate von 10^{-5} bis 10^{-6} Mutationen pro Gen und Generation.

- **Somatische Mutationen:** Mutationen in Körperzellen ⇒ werden nicht an nächste Generation weitervererbt.
- **Generative Mutationen:** Mutationen in den Ei- und Spermienzellen ⇒ können an nachfolgende Generation weitervererbt werden.

Spezielle Enzyme sind in der Lage, Mutationen zu beheben. Die Leistungsfähigkeit der **DNA-Reparaturmechanismen** ist jedoch begrenzt.

Mutationen sind die **Grundlage der genetischen Vielfalt** innerhalb von Populationen (siehe Evolutionsfaktoren, S. 82).

4.2 Mutagene

- Energiereiche, sehr kurzwellige („harte“) Strahlung

  UV-Strahlung der Sonne, Röntgenstrahlung, radioaktive Strahlung
- Mutagene Substanzen

  Pflanzengifte (z. B. Colchizin), Nitrosamine (z. B. in Pökelfleisch), Teerstoffe (z. B. in Tabakrauch), Schwermetallsalze (z. B. $ZnCl_2$)
- Außerdem z. B.: Temperaturschocks, bestimmte Viren

4.3 Formen und Folgen

Aberrationen -> zu viele Chromo / Polyploidie

- **Genommutationen:** Veränderung in der Anzahl der Chromosomen
  - ~~**Euploidie:**~~ Verminderung (Haploidie) oder Vermehrung (Polyploidie) der vorhandenen **Chromosomensätze**.
  - ~~**Aneuploidie:**~~ Verminderung oder Erhöhung der artspezifischen Chromosomenzahl eines Organismus um **ein Chromosom** oder um **mehrere Chromosomen**.
    - Heterosomen (Gonosomen; X- oder Y-Chromosom): Turner-Syndrom (Typ X0), Klinefelter-Syndrom (Typ XXY)
    - Autosomen: Trisomie 21 (Down-Syndrom)
- **Chromosomenmutationen:** Veränderungen in der Struktur eines Chromosoms oder mehrerer Chromosomen.

   - **Deletion:** Chromosomenstückverlust; Endstückverlust (terminal) oder inmitten des Chromosoms (interkalar).
   - **Ringchromosombildung:** Verlust der Endstücke eines Chromosoms bei gleichzeitiger Verwachsung des Restchromosoms.
   - **Inversion:** Umkehr eines Chromosomenteilstücks um 180° innerhalb eines Chromosoms.
   - **Translokation:** Verlagerung von Chromosomenabschnitten an nicht-homologe Chromosomen.
   - **Duplikation:** Verdopplung einer Chromosomenregion.
- **Genmutationen:** Veränderungen, Einschübe oder Verluste einzelner weniger Basen der DNA innerhalb eines Gens.
   - **Punktmutation:** Austausch einer Base durch eine andere.
     ⇒ entweder: Einbau einer falschen Aminosäure (AS) → je nach Proteinregion unterschiedlich starke Auswirkungen.
     ⇒ oder: Einbau der richtigen AS aufgrund der Degeneration des genetischen Codes.
   - **Rastermutation:** Einfügen oder Verlust einer Base.
     ⇒ Verschiebung des Triplettrasters → meist schwerwiegende Auswirkungen, da je nach Lage der Mutation im Gen viele AS betroffen.

Sichelzellanämie: Austausch einer Base führt zu Einbau einer anderen Aminosäure in das Hämoglobin-Protein ⇒ veränderte Primärstruktur ⇒ veränderte Tertiär- und Quartärstruktur des Proteins ⇒ Blutarmut (Anämie) → Homozygote Träger des mutierten Gens sterben meist an Anämie; Heterozygote zeigen lediglich eine leicht herabgesetzte Leistungsfähigkeit des Körpers.

5 Biologische Syntheseketten

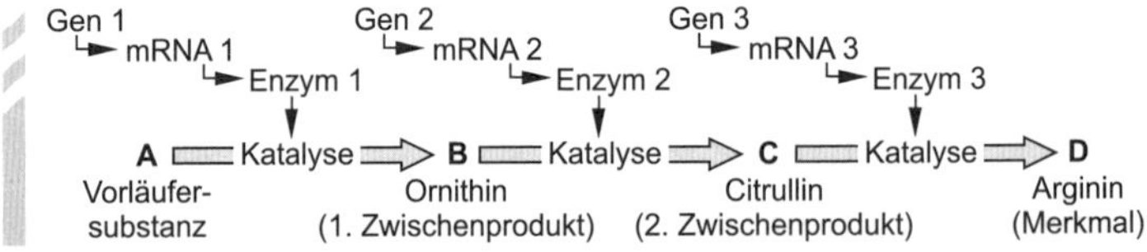

An der **Ausformung von Merkmalen** sind im Regelfall **mehrere Gene** beteiligt. Sie wirken gleichzeitig oder nacheinander auf die Ausbildung des Merkmals ein.

Genwirkkette: Alle Gene, die über die von ihnen gebildeten Enzyme eine **Synthesekette** steuern.

Aufklärung der Abfolge von Genen in einer Synthesekette mithilfe von **Mangelmutanten** = Organismen, die durch Mutation die Fähigkeit zur Synthese einer oder mehrerer zum Wachstum benötigter Verbindungen verloren haben.

Arginin-Synthesekette z. B. in Schimmelpilzzellen und in Leberzellen des Menschen (Abb. siehe S. 14):
Defekt in Gen 3 ⇒ Mutante kann nur wachsen, wenn Endprodukt Arginin zugegeben wird.
Defekt in Gen 2 ⇒ Mutante kann nur wachsen, wenn zweites Zwischenprodukt Citrullin (oder Endprodukt) zugegeben wird.
Defekt in Gen 1 ⇒ Mutante kann nur wachsen, wenn erstes Zwischenprodukt Ornithin (oder zweites Zwischenprodukt oder Endprodukt) zugegeben wird.

6 Regulation von Stoffwechselvorgängen bei Bakterien und Eukaryoten

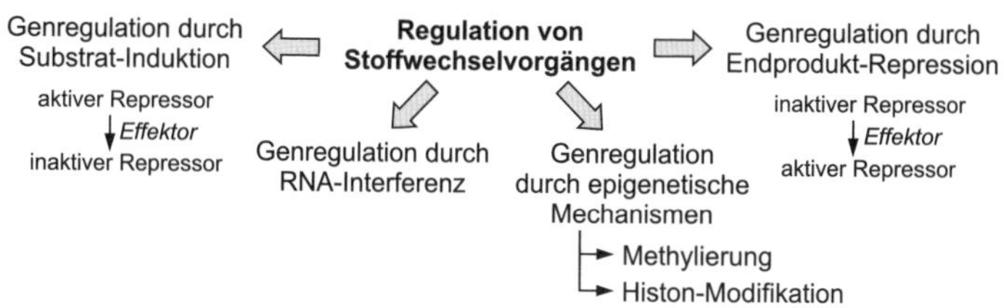

Zwei Gruppen von Enzymen:

- **konstitutive Enzyme:** Werden ständig in der Zelle synthetisiert.
- **adaptive Enzyme:** Werden nur bei Bedarf in der Zelle synthetisiert ⇒ unterliegen einer Regulation der Enzymsynthese.

6.1 Genregulation bei Bakterien

Regulation der Genaktivität nach dem **Operon-Modell (JACOB-MONOD-Modell)**. Erforscht anhand von *E. coli*-Bakterien.

Operator: DNA-Bereich, an dem der aktive Repressor binden kann.
Promotor: Bindungsort für die RNA-Polymerase.
Strukturgene: Gemeinsamer Regulation unterliegende Gene.
Operon: Funktionseinheit aus Promotor, Operator und Strukturgenen.

Genregulation durch Substrat-Induktion

- **Prinzip:** Abzubauende Substanz initiiert ihren eigenen Abbau.
- **Anwendung:** V. a. bei aufbauenden Stoffwechselprozessen.
- **Vorteil:** Ökonomischer Umgang der Zelle mit Material und Energie, da Synthese nur dann erfolgt, wenn die Produkte benötigt werden.

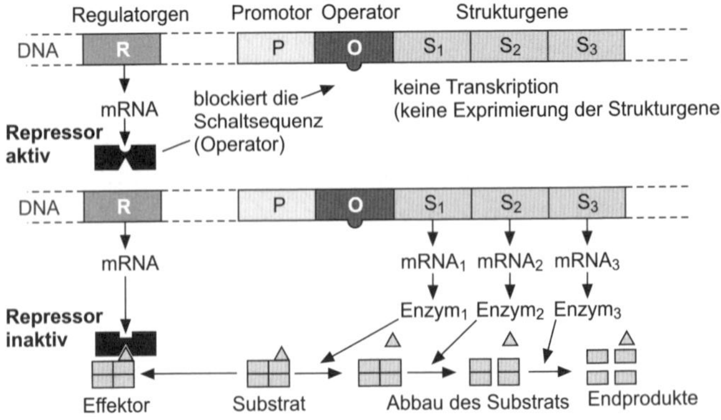

Abbau des Zweifachzuckers Lactose bei *E. coli* (*lac*-Operon).

Genregulation durch Endprodukt-Repression

- **Prinzip:** Endprodukt einer Synthesekette verhindert seine weitere Produktion aus den Ausgangsstoffen.
- **Anwendung:** V. a. bei aufbauenden Stoffwechselprozessen.

- **Vorteil:** Ökonomischer Umgang der Zelle mit Material und Energie, da die Genprodukte nur so lange gebildet werden, wie die Zelle sie benötigt.

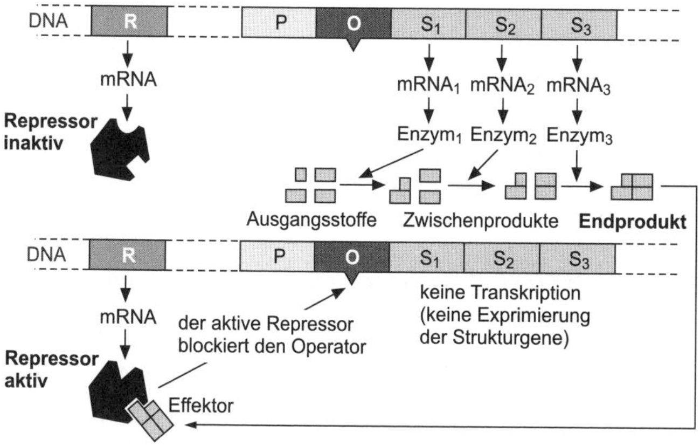

Synthese der Aminosäure Tryptophan bei *E. coli* (*trp*-Operon).

Vergleich beider Modelle

	Substrat-Induktion	Endprodukt-Repression
Regulatorgen	produziert aktiven Repressor	produziert inaktiven Repressor
Effektor	inaktiviert den Repressor	aktiviert den Repressor

6.2 Genregulation bei Eukaryoten durch RNA-Interferenz (RNAi)

- **Aufgabe:** gezieltes Verhindern der Translation von mRNA-Molekülen durch systematischen Abbau der mRNA im Zellplasma mithilfe von RNA-Protein-Komplexen.
- **Funktion:** Regulation der Genexpression, Abwehr von Viren.
- **Ablauf:**
  - Im Zellkern: Bildung von dsRNA (doppelsträngige RNA) aus miRNA-Abschnitten (MicroRNA).

- Im Zellplasma: Bindung der dsRNA an Dicer-Enzymkomplexe → Zerlegung in sehr kleine, doppelsträngige siRNA.
- Übernahme der siRNA durch Argonauten-Proteine → nur einer der beiden Stränge (Leitstrang) bleibt am Protein gebunden.
- Anlagerung des Risc (Argonauten-Protein + RNA + weitere Enzymkomplexe) nach siRNA-Vorgabe an spezifische komplementäre mRNA, die abgebaut werden soll.
- Risc spaltet angelagerte mRNA in Nukleotide ⇒ keine Translation mehr möglich.

6.3 Genregulation bei Eukaryoten durch epigenetische Mechanismen

Epigenetik: Vererbbare Veränderung der Genaktivität ⇒ dauerhafte, reversible An- oder Abschaltung der Aktivität einzelner Gene.

Grundprinzipien epigenetischer Steuerung:

- **Methylierung** der Base **Cytosin** in der DNA
- **Histon-Modifikationen**

Methylierung der Base Cytosin

Prinzip: Cytosin wird mit einer Methyl-Gruppe (CH_3-Gruppe) versehen ⇒ spezifische Proteine können binden ⇒ „Sperrung“ der nachgelagerten Strukturgene für die RNA-Polymerase.

Inaktivierung des zweiten X-Chromosoms weiblicher Säugetiere (**Barr-Körperchen**) durch große Mengen an methyliertem Cytosin.

Das **Methylierungsmuster** kann bei der Zellteilung an die beiden Tochterzellen weitergegeben werden.

Histon-Modifikation („Chromatin-Remodelling“)

Prinzip: Unterschiedlich dichte Packung der Nukleosomen durch chemische Veränderung von Aminosäuren in den Histonen und durch die Bindung kleinerer Proteine an spezifische Histone.

- dicht gepackte Nukleosomen ⇒ Transkriptionsfaktoren können sich nicht anlagern → Gene, die gerade nicht benötigt werden.

- locker hintereinander aufgereihte Nukleosomen ⇒ Transkriptionsfaktoren können sich anlagern → gerade „aktive" Gene.

Methylierung von Histonproteinen eines bestimmten Gens, das für ein Protein codiert, das für die Nervenzellverknüpfung zuständig ist, bei gestressten Mäusen ⇒ keine Transkription des Gens ⇒ depressives Verhalten → Verabreichung von Antidepressiva ⇒ Aktivierung des Gens durch Acetylierung eines Histonproteins ⇒ Proteinbildung und Rückgang des depressiven Verhaltens.

Der **Histon-Code** kann bei der Zellteilung an die beiden Tochterzellen weitergegeben werden.

7 Störung der Genregulation – Entstehung von Krebs

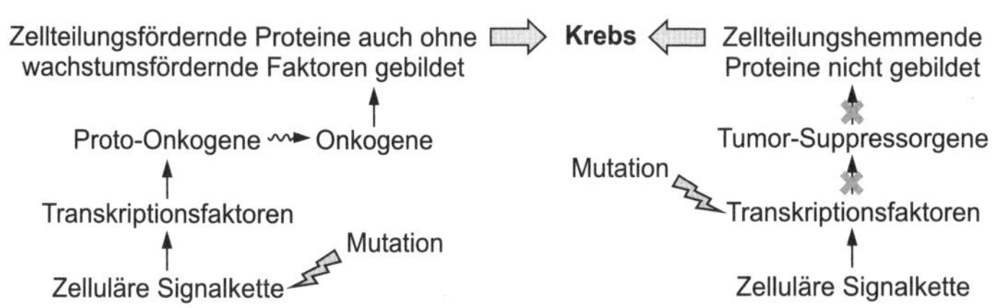

Krebs: Erkrankung, bei der Zellen ein **unkontrolliertes Wachstum** zeigen.
Zellzyklus im Normalfall gesteuert durch:

- **positive Regulatoren** („Gaspedal")
- **negative Regulatoren** („Bremse")

Wirkung über **zelluläre Signalketten:**
wachstumsfördernde/wachstumshemmende Faktoren wirken auf **Rezeptoren** in der Zellmembran → **zelluläre Signalkette** in Gang gesetzt → Aktivierung von **Transkriptionsfaktoren** → Synthese von **Proteinen**, die Zellteilung fördern (codiert durch Proto-Onkogene)/ Zellteilung hemmen (codiert durch Tumor-Suppressorgene).

7.1 Proto-Onkogene

Aufgabe: Codierung von Proteinen, die Zellwachstum und Zellteilung anregen.

Möglichkeit der Krebsentstehung: **Mutation des Ras-Proteins** (Teil der Signalkette) ⇒ Aktivierung der Signalkette ohne Veranlassung durch wachstumsfördernde Faktoren („Gaspedal wird voll durchgetreten"); Proto-Onkogen → Onkogen.

7.2 Tumor-Suppressorgene

Aufgabe: Codierung von Proteinen, die Zellwachstum und Zellteilung hemmen.

Möglichkeit der Krebsentstehung: **Mutation des Transkriptionsfaktors p53** ⇒ Transkription der Tumor-Suppressorgene, die zellteilungshemmende Proteine codieren, unterbleibt („Fuß wird von der Bremse genommen").

7.3 Wirkung des mutierten Transkriptionsfaktors p53 auf den Zellzyklus

Kontrollpunkte im Zellzyklus (siehe S. 2 f.) zur Prüfung der DNA auf Schäden:

- Am Übergang von G_1- zur S-Phase.
- Am Übergang von S- zur G_2-Phase.

Beteiligung des Transkriptionsfaktors p53 dabei:

- Hält im Bedarfsfall (über Induktion spezifischer Proteinprodukte) den Zellzyklus zur Reparatur der DNA an.
- Setzt Reparaturmechanismus in Gang.
- Initiiert bei irreparablen Schäden **Apoptose** der Zelle.

⇒ bei mutationsbedingtem Ausfall von p53: entartete Zellen vermehren sich, werden zu Krebszellen.

Angewandte Genetik

1 Gentechnik – Ziele, Werkzeuge und Methoden

Methoden:
- Erzeugung und Selektion transgener Bakterien
- PCR
- Elektrophorese
- DNA-Sequenzierung
- Genetischer Fingerabdruck

Gentechnik

Ziel: Untersuchung, Manipulation und Transfer von Erbsubstanz

Werkzeuge:
- Restriktionsenzyme
- Ligasen
- Reverse Transkriptasen
- Vektoren

- **Biotechnologie:** Beschäftigt sich mit der Entwicklung und der Anwendung von Methoden und Verfahren (teilweise gentechnischer Art) zur Nutzung von Organismen für die Produktion von Wirkstoffen und die Erstellung von Diagnosen.
- **Gentechnik/Gentechnologie:** Teilgebiet der Molekularbiologie und der Biotechnologie; Ziel: Entwicklung und Anwendung von Methoden und Verfahren zur Identifizierung, Isolierung, Synthetisierung, Konservierung sowie Veränderung der Erbsubstanz und zur Transferierung des (veränderten) Erbguts in andere Lebewesen.

1.1 Werkzeuge der Gentechnik

- **Restriktionsenzyme** („genetische Scheren“): z. B. EcoRI; schneiden doppelsträngige DNA an spezifischen Basenfolgen (Basenpaar-Palindromen) $\Rightarrow$ überstehende Einzelstrangenden: **sticky ends** (klebrige Enden).
- **DNA-Ligasen** („genetischer Klebstoff“): zur Verknüpfung von DNA-Fragmenten.
- **DNA-Polymerasen:** siehe S. 6
- **Reverse Transkriptasen:** RNA $\rightarrow$ DNA
- Möglichkeiten zur DNA-Übertragung: z. B. **Mikroinjektion** und **Vektoren** („Genfähren“) wie spezielle **Viren** und **Plasmide**; Voraussetzungen für Eignung von Plasmiden:

- Müssen **Schnittstellen** für verschiedene Restriktionsenzyme aufweisen.
- Müssen **Marker** für die Selektion enthalten, z. B. Gene für die Resistenz gegen bestimmte Antibiotika.

1.2 Methoden der Gentechnik

Erzeugung transgener Bakterien

- **Isolierung** und **Bearbeitung** der DNA eines Spenderorganismus: Zerschneiden der DNA mit einem Restriktionsenzym; Identifizierung, Isolierung und ggf. Vermehrung (PCR, siehe S. 23) des gewünschten Gens (Fremd-Gen, -DNA bzw. Spender-Gen, -DNA).
- **Gewinnung von Plasmiden** aus Bakterienzellen und Aufschneiden der Plasmide mit dem gleichen Restriktionsenzym, das zum Zerschneiden der Spender-DNA verwendet wurde.

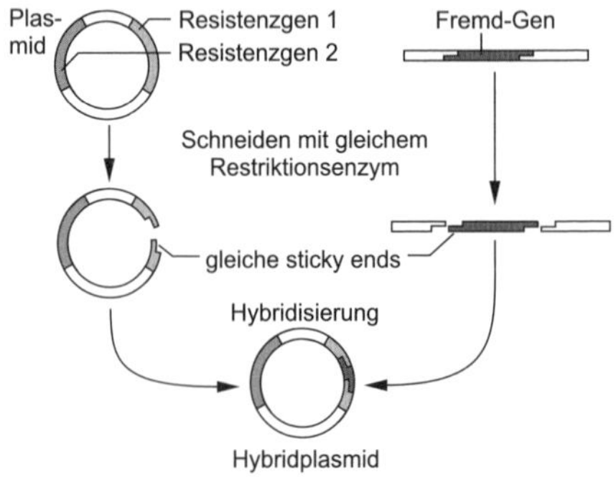

- **Hybridisierung:** Vermischen von aufgeschnittenen Plasmiden und Spender-DNA ⇒ sticky ends lagern sich komplementär zusammen; Zugabe von Ligase zur Verknüpfung der DNA-Stränge ⇒ Hybridplasmide.
- **Transformation:** Übertragung der Hybridplasmide in Bakterienzellen.

Selektion der transgenen Bakterien

Problem: Transformation nur in wenigen Fällen erfolgreich.

Prinzip der Selektion der transgenen Bakterien: Wird zum Einbau der Spender-DNA in das Plasmid eines der Resistenzgene (Marker) zerschnitten (vgl. Resistenzgen 1 in der Abb. oben), fällt die Funktion dieses Gens aus (**Prinzip der Markerinaktivierung**).

- Bakterien ohne Plasmid (A, siehe Abb. unten): Empfindlich gegenüber Antibiotikum 1 und 2.
- Bakterien mit Plasmid ohne Spender-DNA (B): Resistent gegen Antibiotikum 1 und 2.
- Bakterien mit Hybridplasmid (C): Empfindlich gegenüber Antibiotikum 1, resistent gegen Antibiotikum 2.

Identifizierung und Selektion der transgenen Bakterien (Bakterien mit Hybridplasmid) mithilfe der **Replika-Plattierung (Stempeltechnik):**

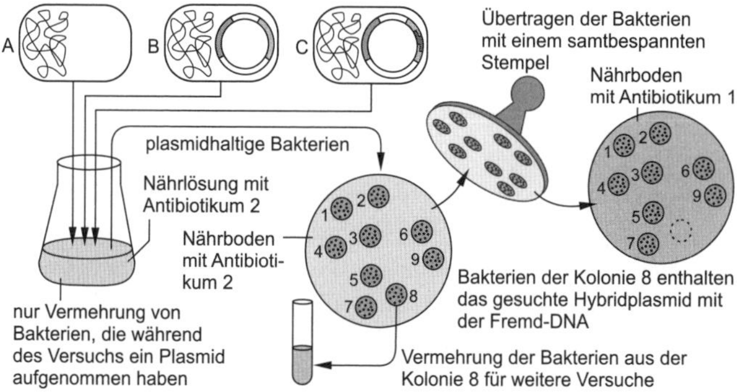

Mithilfe von **Verdünnungsreihen** kann die Anzahl von Bakterien in einem Milliliter (Titer) einer Ausgangskultur bestimmt werden.

Polymerase-Kettenreaktion (PCR)

- **Ziel:** Zyklische Vermehrung kleinster Mengen an DNA innerhalb einer kurzen Zeitspanne (*In-vitro*-Amplifikation).
- **PCR-Ansatz** enthält: zu vervielfältigende Doppelstrang-DNA, Taq-Polymerase (hitzebeständige DNA-Polymerase), DNA-Nukleotide, Primer (Ansatzpunkte für DNA-Polymerase).
- Ablauf eines **PCR-Zyklus:**
  - **Denaturierung:** Auftrennen der DNA in Einzelstränge; bei über 90 °C.
  - **Hybridisierung:** Anlagerung der Primer am 3'-Ende der DNA-Einzelstränge; bei 50–60 °C.
  - **Amplifikation:** Synthese des komplementären Strangs durch Taq-Polymerase, ausgehend von den Primern; bei ca. 70 °C.

⇒ Verdopplung der DNA-Menge nach jedem Zyklus-Durchlauf.

Elektrophorese

- **Ziel:** Trennung von Gemischen unterschiedlicher Moleküle (z. B. Proteine, DNA) einer Lösung in einem elektrischen Feld.
- **Ablauf:** Je nach Ladung, Größe und Gestalt wandern Moleküle unterschiedlich schnell (unterschiedlich weit pro Zeiteinheit) durch eine Trägersubstanz (z. B. Agarose-Gel); zusätzlich: Auftragen von Kontroll-Proben mit bekannten Eigenschaften. Sichtbarmachen des Bandenmusters über Fluoreszenzfarbstoffe oder Autoradiografie.

DNA-Sequenzierung

Ziel: Analyse von DNA-Fragmenten zur Ermittlung der Basensequenz.

Kettenabbruchsynthese:

- **Prinzip:** Durchführung einer modifizierten DNA-Replikationsreaktion, die zu unterschiedlich langen, farblich markierten Fragmenten führt, anhand derer ein Detektor die Basensequenz ablesen kann.
- **Ablauf:** Im Reaktionsansatz sind neben „normalen" Nukleotiden (dNTPs) auch mit Fluoreszenzfarbstoffen markierte Nukleotide vorhanden, an die keine weitere Base mehr binden kann (ddNTPs) ⇒ Es entstehen unterschiedlich lange, terminal markierte DNA-Stränge, die – mithilfe von Elektrophorese der Länge nach geordnet – in einem Laser-Fluoreszenz-DNA-Sequenator (-Sequenzer) untersucht werden. Dieser ordnet den einzelnen Fluoreszenzfarben die zugehörigen Basen zu und ermittelt so die Basensequenz.

Genetischer Fingerabdruck

- **Ziel:** Identifizierung einer Person anhand des Vergleichs mehrerer verschiedener DNA-Abschnitte ohne genetische Information (polymorphe Bereiche).
- **Ablauf:**
  - DNA-Isolierung: Probe A aus dem vorhandenen Material (z. B. Blutfleck, Spermarest, Speichelrückstand) und Probe B z. B. aus Mundschleimhautzellen der zu testenden Person.
  - DNA-Vervielfältigung mittels PCR (siehe S. 23).
  - Bildung von DNA-Restriktionsfragmenten durch Zerschneiden der DNA beider Proben mit dem gleichen Restriktionsenzym.

– Auftrennen der Restriktionsfragmente mittels Gelelektrophorese.
– Vergleich des Elektrophorese-Bandenmusters beider Proben.

2 Chancen und Risiken der Gentechnik

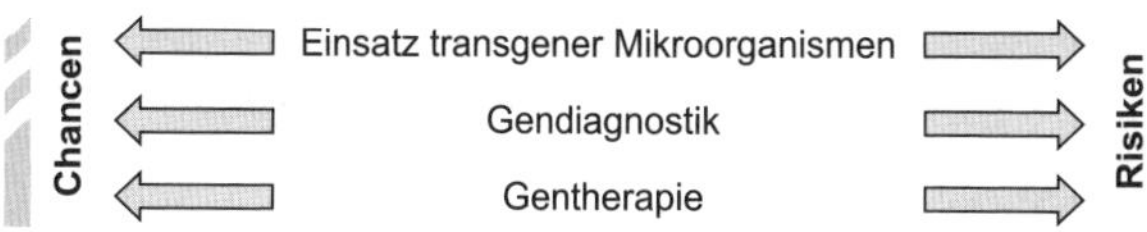

Transgene Organismen: Viren, Bakterien, Pflanzen und Tiere, denen artfremdes genetisches Material (Transgene) eingeschleust wurde.

2.1 Mikroorganismen und Viren in der Biotechnologie/ Gentechnik

- **Ziel:** transgene Zellen als Biokatalysatoren und Produzenten. Zukünftig evtl. sogar Zellen mit komplett maßgeschneidertem Genom oder synthetische Zellen.
- **Anwendungsbereiche:**
  - **Medizin:** Produktion von Human-Insulin und von Gerinnungsfaktor VIII.
  - **Lebensmittelherstellung:** Steigerung der Produktivität/Effektivität von Bakterien und Hefen, die für die Herstellung von Backwaren, Bier und Milchprodukten benötigt werden.
  - **Rohstoffgewinnung:** Entzug von Mineralien aus Erzen, effektivere Alkoholherstellung.
  - **Umweltschutz:** Abwasserreinigung, Kompostierung, Schadstoffabbau, Biogasgewinnung.
- **mögliche Risiken:**
  - (Unabsichtliche) Erzeugung von Krankheitserregern.
  - Freisetzung transgener Mikroorganismen und Viren ⇒ evtl. horizontaler Gentransfer zu anderen Organismen ⇒ Entstehung neuer Genkombinationen mit unvorhersehbaren Wirkungen möglich.

2.2 Gendiagnostik

- **Ziel:** Genetisch bedingte Krankheiten, Defekte oder bestimmte Merkmale durch DNA- und RNA-Untersuchungen nachweisen und identifizieren.
- **Anwendungsbereiche:**
  - Frühzeitiges Feststellen von Erbkrankheiten ⇒ vorbeugende medizinische Maßnahmen bereits vor Krankheitsausbruch möglich.
  - Humangenetische Beratung bei Ehepaaren, in deren Familien eine Erbkrankheit gehäuft auftritt.
  - Untersuchungen von Embryonen auf krankhaft veränderte Gene.
  - Täteridentifizierung in der Kriminalistik mittels DNA-Spuren (genetischer Fingerabdruck).
- **Risiken:**
  - Informationen über gesamtes menschliches Erbgut aus kleinsten DNA-Proben (legal/illegal beschafft).
  - Jobangebote, Kranken- und Lebensversicherungen nur nach Kenntnis des Genoms des Kandidaten.
  - Nach Gentest: Leben mit dem Wissen, dass möglicherweise ein tödliches Leiden auftreten könnte.

2.3 Gentherapie

- **Ziel:** Entwicklung und Anwendung therapeutischer Verfahren, bei denen gezielt Gene in das menschliche Erbgut eingeschleust werden, um Erbgutdefekte zu beseitigen.
- **Somatische Gentherapie:**
  - Mutierte Gene werden in den menschlichen Körperzellen (Somazellen) durch funktionstüchtige ersetzt.
  - Nachteil: Auswirkungen der Therapie bleiben auf behandeltes Individuum beschränkt → keine Effekte auf die Keimzellen.
- **Keimbahntherapie:**
  - Einbringen der zu ersetzenden Gene in Keimzellen oder frühe Embryonen.
  - Vorteil: Eingeschleuste Gene werden auch an Nachkommen weitergegeben.
  - Nachteil: Unkalkulierbare Risiken für Folgegenerationen.

- **Risiken:**
  - Theoretische Möglichkeit der gezielten Manipulation jeder genetischen Information.
  - „Menschen nach Maß“ durch exakt geplante Eigenschaften der Embryonen („Optimierung“).

3 Biologisch-medizinische Reproduktionsverfahren

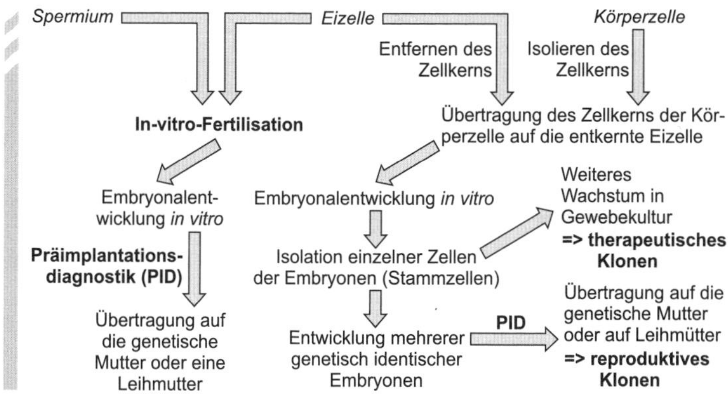

3.1 Überblick über die gängigen Verfahren

- **In-vitro-Fertilisation:** Künstliche Befruchtung im Reagenzglas.
- **Präimplantations-Diagnostik (PID):** Genotypanalyse an Zellen von Embryonen.
- **Reproduktives Klonen:** Erzeugung von Lebewesen mit identischem, gewünschtem Genotyp.
- **Therapeutisches Klonen:** Erzeugung von Embryonen zur Gewinnung embryonaler Stammzellen (siehe S. 28) → z. B. Züchtung menschlicher Ersatzorgane aus den unspezialisierten Stammzellen.

3.2 Fragen und Probleme – ethisch/juristisch

- Umgang mit „überzähligen" Embryonen bei der In-vitro-Fertilisation (abtöten, Verwendung für Forschungszwecke und therapeutisches Klonen, siehe S. 27).
- Mögliche Selektion der Embryonen aus In-vitro-Fertilisation mittels PID (Mädchen/Junge, erwünschte/nicht erwünschte Eigenschaften).

4 Aspekte der Zytogenetik in der Humanbiologie

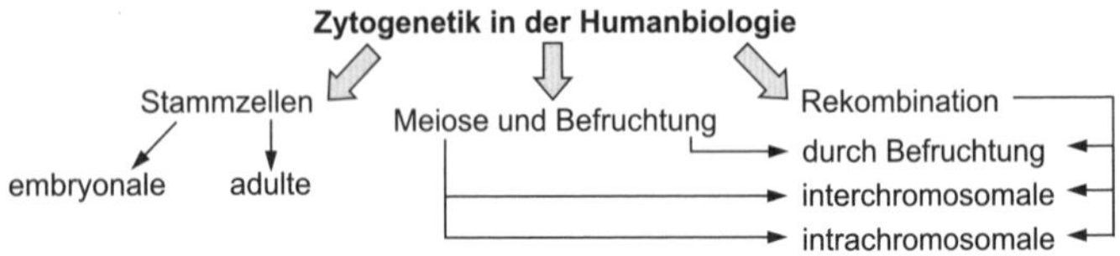

4.1 Stammzellen

Körperzellen, die sich in verschiedene Zelltypen oder Gewebe differenzieren können; Unterscheidung:

- **Embryonale Stammzellen:**
  - Aus Embryonen gewonnen.
  - **Totipotent** bis zum 8-Zell-Stadium: Fähigkeit, einen vollständigen Organismus zu bilden → eineiige Zwillinge.
  - Danach **pluripotent:** Können sich in jedes Gewebe entwickeln.
- **Adulte Stammzellen:**
  - Postembryonale Form; Herkunft aus verschiedenen Organen/Geweben (z. B. Gehirn, Leber, Knochenmark) von Säuglingen, Kindern und Erwachsenen.
  - **Multipotent:** Auf bestimmten Gewebetyp festgelegt.
  - Unterliegen Alterungsprozess (mögl. Anhäufung von Mutationen).

Einsatz von Stammzellen:
Kontroverse Diskussion in der Wissenschaft trotz hoher Erwartungen aufgrund neu entwickelter Einsatzmöglichkeiten:

- Injektion von Stammzellen in erkrankte/geschädigte Organe/Gewebe → Verbesserung der Funktionsfähigkeit.

- Denkbar: Erzeugung neuer Organe aus Stammzellen, die keine Abstoßungsreaktionen hervorrufen (→ Körperzellen des Zellkernspenders).
  - (Ethisch) äußerst problematisch: Erzeugung und Gewinnung embryonaler Stammzellen immer mit Zerstörung von Embryonen verbunden ⇒ seit 1991 in Deutschland verboten.
  - Ethisch kaum problematisch: Verwendung adulter Stammzellen, da im Organismus lebenslang vorhanden; aber: Gewinnung äußerst schwierig, nur multipotent, Alterungsproblem.

4.2 Meiose

- **Aufgabe:** Reduktion der Chromosomenzahl (2n → 1n) und Durchmischung sowie Neukombination (Rekombination) des genetischen Materials.
- **Ablauf** in zwei Reifeteilungen:
  - **1. Reifeteilung:** Prophase I – Metaphase I – Anaphase I – Telophase I ⇒ Reduktion der Chromosomenzahl → zwei haploide Zellen.
    Paarung homologer Chromosomen während der Prophase I (Vier-Strang-Stadium, Chromatiden-Tetrade) mit der Möglichkeit von **Crossing-over**-Ereignissen (siehe S. 30).
  - **2. Reifeteilung:** Prophase II – Metaphase II – Anaphase II – Telophase II; ⇒ Teilung der haploiden Zellkerne → vier haploide Zellen mit Ein-Chromatid-Chromosomen.
- **Ergebnis:** Haploide Geschlechtszellen (Gameten);
  - **Oogenese** (Eizellenbildung): Zwei inäquale Reifeteilungen ⇒ 1 plasmareiche Eizelle + 3 Polkörperchen.
  - **Spermatogenese** (Spermienbildung): Zwei äquale Reifeteilungen ⇒ vier Spermienzellen.

4.3 Befruchtung

Verschmelzung weiblicher und männlicher Gamet ⇒ **Zygote**, in der haploide Gametenkerne (2×1n) verschmelzen → diploider Zygotenkern (2n).

4.4 Rekombination

Neukombination von Genen.

- **Interchromosomale Rekombination:** Zufallsbedingte Verteilung ursprünglich mütterlicher und väterlicher Chromosomen der homologen Chromosomenpaare in der 1. Reifeteilung.

  Beim Menschen: 2×23 Chromosomen $\Rightarrow 2^{23}$ (= 8 388 608) Kombinationsmöglichkeiten der Chromosomen.
- **Intrachromosomale Rekombination** mittels **Crossing-over:** Chromosomen-Stückaustausch zwischen homologen väterlichen und mütterlichen Chromosomen während 1. Reifeteilung $\Rightarrow$ Austausch von Chromosomenteilstücken zwischen Nicht-Schwester-Chromatiden.
- **Rekombination durch Befruchtung:** Zufall, welche Spermienzelle welche Eizelle befruchtet.

5 Stammbaumanalyse und Erbgänge in der humangenetischen Betrachtung

Erbgänge beim Menschen

Vererbungsmodi
- autosomal-dominant
- autosomal-rezessiv
- gonosomal-rezessiv

Zweifaktorenanalyse

Durchbrechen von Genkopplungen durch Crossing-over

Humangenetische Beratung
- Stammbaumanalyse
- Chromosomenanalyse
- DNA-Analyse

5.1 Vererbungsmodi

Autosomal-dominante Vererbung

- Defektes dominantes Allel liegt auf Autosom: Genotypen der Merkmalsträger **AA oder Aa**; Merkmalsfreie: aa.
- Merkmal tritt in jeder Generation auf.
- Durchschnittlicher Anteil männlicher und weiblicher Merkmalsträger in der Regel gleich hoch.

- Merkmalsfreie Kinder von Merkmalsträgern sind immer homozygot rezessiv (aa). Entsprechend müssen die Eltern zwangsläufig heterozygote Merkmalsträger sein (Aa).
- Beispielstammbaum:

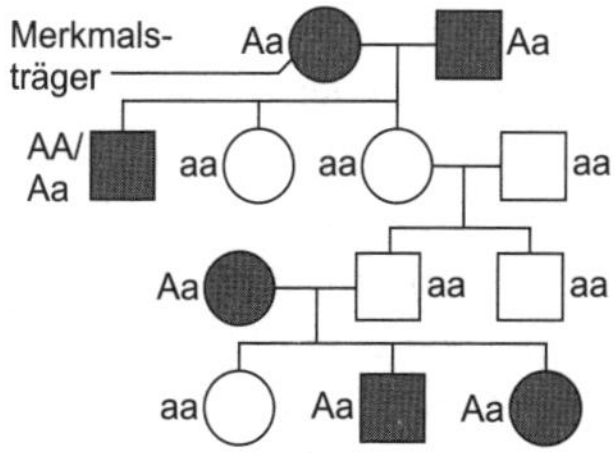

Schmeckfähigkeit von Phenylthioharnstoff (PTH), Chorea Huntington, Polydaktylie

Autosomal-rezessive Vererbung

- Defektes rezessives Allel liegt auf Autosom: Genotypen der Merkmalsträger **aa**; Merkmalsfreie: AA oder Aa (Konduktoren, Überträger).
- Merkmal muss nicht in jeder Generation auftreten.
- Durchschnittlicher Anteil männlicher und weiblicher Merkmalsträger in der Regel gleich hoch.
- Merkmalstragende Kinder merkmalsfreier Eltern sind immer homozygot rezessiv (aa). Entsprechend müssen die Eltern zwangsläufig heterozygote Merkmalsträger (Konduktoren) sein (Aa).
- Beispielstammbaum:

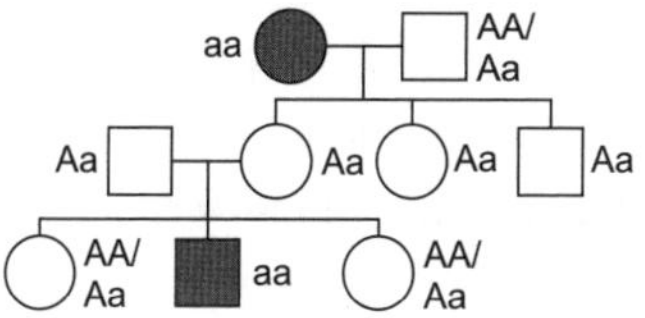

Phenylketonurie, Albinismus, Sichelzellanämie

Heterosomal-rezessive (gonosomal-rezessive, X-chromosomal-rezessive) Vererbung

- Defektes rezessives Allel liegt auf dem X-Chromosom (Y-chromosomale Erbgänge quasi zu vernachlässigen): Genotypen der Merkmalsträger $\mathbf{X_aX_a}$ (Frauen) oder $\mathbf{X_aY}$ (Männer; hemizygot); Merkmalsfreie: Frauen $\mathbf{X_AX_A}$ oder $\mathbf{X_AX_a}$ (Konduktorinnen, Überträgerinnen), Männer $\mathbf{X_AY}$.

- Merkmal muss nicht in jeder Generation auftreten.
- Durchschnittlicher Anteil männlicher Merkmalsträger in der Regel wesentlich höher als der der weiblichen.
- Aufgrund ihrer Hemizygotie können Männer niemals nur Konduktoren des defekten Allels sein.
- Die Töchter merkmalstragender Väter sind immer zumindest Konduktorinnen. Die Söhne merkmalstragender Väter und homozygot merkmalsfreier Mütter sind immer gesund.
- Beispielstammbaum:

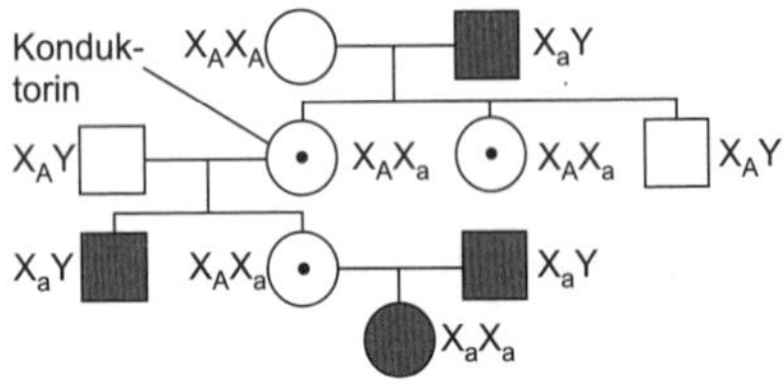

Bluterkrankheit, Rot-Grün-Fehlsichtigkeit, Muskeldystrophie

5.2 Zweifaktoranalyse, Genkopplung und Crossing-over beim Menschen

- **Zweifaktoranalyse:** Untersuchung von zwei Merkmalen über mehrere Generationen eines Stammbaums; Möglichkeiten für die betrachteten Merkmale:
  - Gene werden nicht gekoppelt vererbt oder
  - Genkoppelung auf Autosom oder X-Chromosom.
- **Genkopplung** und **Crossing-over**
  - Fall A: Allele einer Koppelungsgruppe (eines Chromosoms) gelangen zusammen in die Keimzellen.
  - Fall B: Allele einer Kopplungsgruppe werden im Zuge eines Crossing-overs gegen Allele des Nicht-Schwesterchromosoms ausgetauscht; Die betreffenden Allele gelangen getrennt in die Keimzellen.
  - Schlussfolgerung aus Fall B: Genkopplung kann (auch beim Menschen) durchbrochen werden. Eigentlich gekoppelte Erbanlagen können in der nächsten Generation als einzelne Allele auftreten.

Stammbaum einer Familie mit Crossing-over im Erbgeschehen:

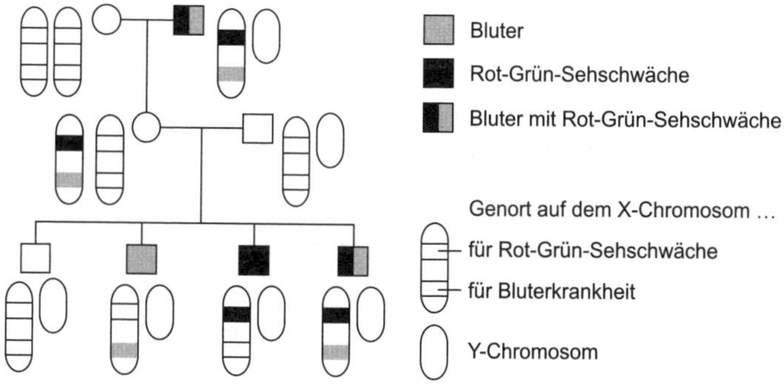

5.3 Humangenetische Beratung

- **Aufgabe:** Genetisch bedingte Erkrankungen erkennen und die Risiken für die betroffene Person und potenzielle Nachkommen abschätzen. Aussagen beruhen auf statistischen Wahrscheinlichkeiten.
- **Diagnostische Möglichkeiten:**
  - Stammbaumanalyse (Familienanamnese)
  - Zytogenetische Untersuchungsmöglichkeiten (Chromosomenanalyse)
  - Molekulargenetische Untersuchungsmöglichkeiten (DNA-Analyse)

Informationsverarbeitung im Nervensystem

1 Bau und Funktion der Nervenzelle

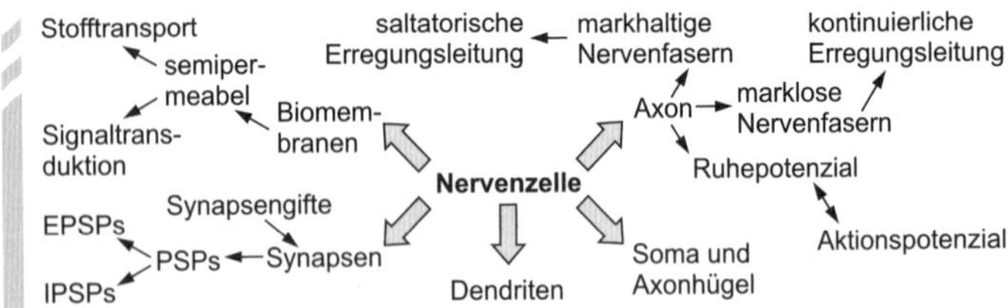

Sinneszellen (Rezeptoren; siehe S. 48 f.) wandeln **Reize** in **elektrische Erregung (Signale)** um → Über **Nervenzellen (Neuronen)** zum Zentralen Nervensystem (siehe S. 44 ff.) weitergeleitet; dort: Verrechnung der Informationen → Vom ZNS ausgehend werden elektrische Signale ebenfalls über Nervenzellen zu den **Erfolgsorganen (Effektoren**; Muskeln, Drüsen etc.) geleitet ⇒ Reaktion.

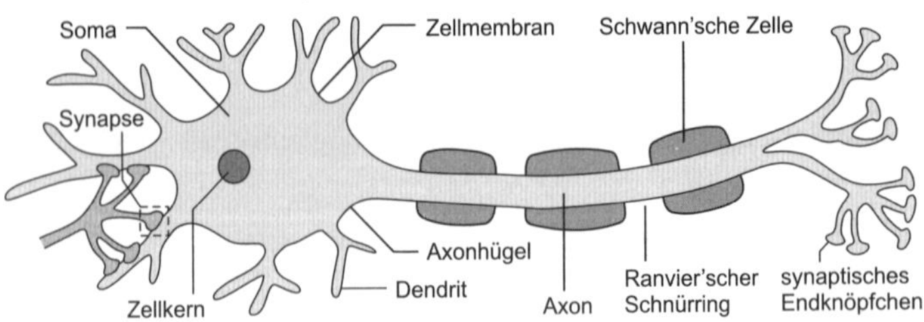

1.1 Funktion wichtiger Elemente

- **Dendriten** → Rezeptorfunktion: Aufnahme der über Synapsen einlaufenden Erregung und Weiterleitung Richtung Soma; Verrechnungsfunktion (siehe S. 43 f.).
- **Soma/Axonhügel** → Verrechnungsfunktion (siehe S. 43 f.).
- **Axon** → Leitungsfunktion: Erregungsleitung vom Axonhügel bis zu den synaptischen Endknöpfchen.
- **Synapse** → Überträgerfunktion (siehe S. 40 ff.).

1.2 Nervenfasern

Nervenfaser = Axon + Schwann'sche Zellen (spezielle Gliazellen)

zwei **Nervenfasertypen:**

- **markhaltige (myelinisierte):** Bei Wirbeltieren; **Markscheide** (Myelinscheide, Schwann'sche Scheide) aus **Myelin** (aufgewickelte Ausstülpung der Zellmembran der Schwann'schen Zellen) ⇒ Isolierung des Axons; Lücken zwischen hintereinander gelagerten Schwann'schen Zellen: **Ranvier'sche Schnürringe**.
- **marklose (nicht myelinisierte):** Bei Wirbellosen und teilw. im vegetativen Nervensystem (siehe S. 40) der Wirbeltiere; Schwann'sche Zellen bilden keine Markscheide; keine Ranvier'schen Schnürringe.

Nerv: Bündel von Nervenfasern im peripheren Nervensystem. Umgeben von Bindegewebshülle und durchzogen von Blutgefäßen.

Unterscheidung je nach Leitungsrichtung:

- **afferente Nervenfasern (sensorisch):** Rezeptor → ZNS
- **efferente Nervenfasern (motorisch):** ZNS → Effektor

1.3 Die Biomembran

Funktion

- **Abgrenzung** des Zellinneren gegen den Extrazellularraum (Zellmembran) bzw. des Inneren eines Organells gegen den Außenraum (Kompartimentierung).
- Vermittlung des **Stoffaustauschs/Stofftransports** zwischen innen und außen.

Flüssig-Mosaik-Modell *(Fluid Mosaic Model)*

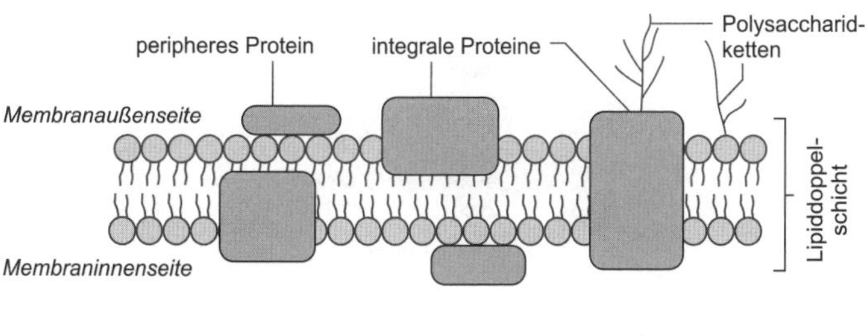

- **Lipiddoppelschicht**; darin: lateral frei bewegliche **Membranproteine.**
- An der Membranaußenseite: **Polysaccharidketten** an Proteine **(Glykoproteine)** und Lipidmoleküle **(Glykolipide)** gebunden.

Stofftransport

Selektive Permeabilität von Biomembranen: Nicht alle Substanzen können Biomembranen ungehindert passieren.

- **Stoffbewegung /-transport entlang des Konzentrationsgefälles:**
  - **Diffusion** (unpolare/kleine polare Moleküle, z. B. Wasser)
  - **Erleichterte Diffusion** (größere Moleküle und Ionen mit Hydrathülle) mittels Kanalproteinen (Tunnelproteinen) und Carriern (Transporter)
- **Stofftransport gegen das Konzentrationsgefälle:**
  - Energiebedürftige **Pumpen** (z. B. Na^+-K^+-Pumpe, siehe S. 38 f.)

Signaltransduktion

Informationsweiterleitung aus extrazellulärem Raum über Zellmembran in Zellinneres.

- **Ligandengesteuerter Ionenkanal:** Integrale (Glyko-)Proteine der Zellmembran mit Liganden-Bindestelle und der Fähigkeit, einen Ionenkanal auszubilden; Bindung eines Liganden ⇒ Konfigurationsänderung des (Glyko-)Proteins ⇒ Öffnung eines Ionenkanals im Inneren des Proteins ⇒ Ionen können passieren; nach Ablösung des Liganden schließt Kanal sich wieder; z. B. Acetylcholin-Rezeptor.
- **Second-messenger-Prinzip:**

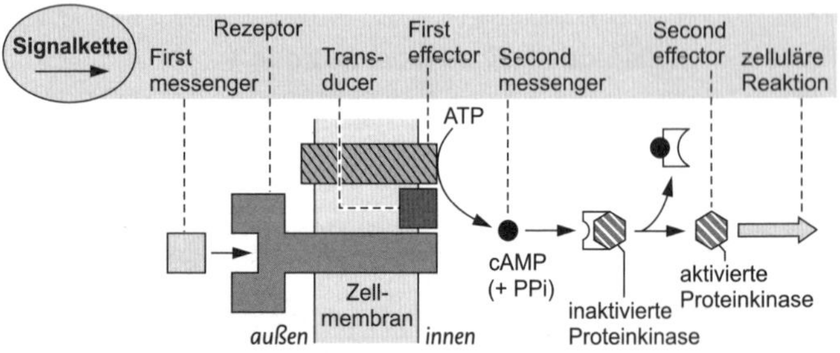

Patch-Clamp-Technik

Zur Untersuchung der **Ionenbewegungen** durch Membranen von Nervenzellen mittels Stromstärkenänderungen in einem kleinen Bereich innerhalb einer Pipettenöffnung → Nachweis der Modellvorstellung von **gesteuerten Ionenkanälen** innerhalb der Biomembran.

1.4 Das Ruhepotenzial

- Potenzialdifferenz (Ladungsungleichgewicht, Membranpotenzial) im Ruhezustand (unerregter Zustand) zwischen dem Inneren einer Nervenzelle und der umgebenden extrazellulären Flüssigkeit.
- Immer **negativ**; in der Regel zwischen –70 und –90 mV.
- **Entstehungsort:** An der Nervenzellmembran.
- **Entstehung:** Durch Ungleichverteilung von Ionen:

Membraninnenseite	Membranaußenseite
hohe Konzentration an K^+-Ionen	geringe Konz. an K^+-Ionen
hohe Konz. an negativ geladenen organischen Ionen (A^-; Proteine, Aminosäuren)	keine negativ geladenen organischen Ionen
geringe Konz. an Na^+-Ionen	hohe Konz. an Na^+-Ionen
geringe Konz. an Cl^--Ionen	hohe Konz. an Cl^--Ionen

  … und selektive Permeabilität der Membran durch Kanalproteine:
  - hohe Permeabilität für K^+-Ionen
  - geringe Permeabilität für Cl^--Ionen
  - sehr geringe Permeabilität für Na^+-Ionen
  - keine Permeabilität für A^--Ionen

  ⇒ **K^+-Ionen** wandern ihrem **Konzentrationsgefälle** folgend (bedingt durch Brown'sche Molekularbewegung) über K^+-Ionenkanäle von innen nach außen (Cl^--Ionen wandern in geringem Umfang nach innen) ⇒ immer größerer **Überschuss** an **positiver Ladung außen** und an **negativer Ladung innen** ⇒ Bestreben nach **Ladungsausgleich** steht Bestreben nach **Konzentrationsausgleich** entgegen ⇒ Ruhepotenzial.
- **Aufrechterhaltung** des Ruhepotenzials:
  - **Problem:** Na^+-Leckstrom ins Neuroninnere ⇒ mehr K^+-Ionen können nach außen gelangen ⇒ Potenzialdifferenz wird geringer.

– **Lösung:** Na^+-K^+-Pumpe (Na^+-K^+-ATPase); unter ATP-Spaltung Beförderung von eingesickerten Na^+-Ionen aus der Nervenzelle hinaus und von ausgetretenen K^+-Ionen in diese hinein (Antiport).

1.5 Das Aktionspotenzial (AP)

- **Zweck:** Übertragung von Erregung entlang der Nervenfasern.
- Räumlich begrenzte rasche Änderung des Membranpotenzials gegenüber dem Ruhepotenzial in positiven mV-Bereich.
- Entstehung in der Regel am Axonhügel; konstanter Ablauf und konstante Form unabhängig von Reizstärke.

Entstehung und Ablauf

Reizung einer Nervenzelle (bzw. einer Sinneszelle) ⇒ Änderung des Membranpotenzials: **Generatorpotenzial** (bzw. **Rezeptorpotenzial**, siehe auch S. 46) → sorgt für Entstehung eines APs am Axonhügel.

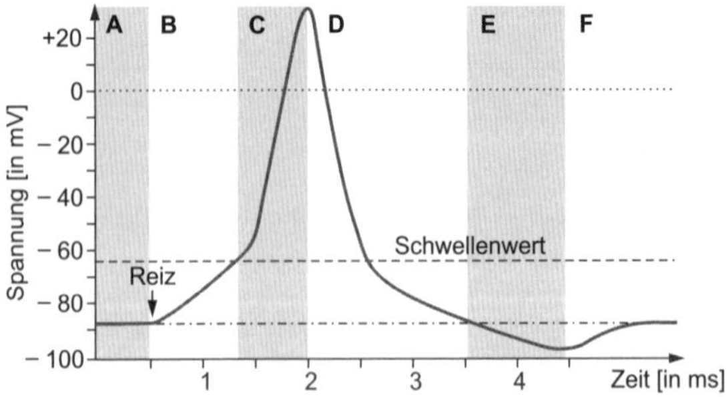

- **A – Ruhepotenzial:**
  - Spannungsabhängige Na^+-Kanäle geschlossen.
  - Spannungsabhängige K^+-Kanäle geschlossen.
- **B – Depolarisation bis zum Schwellenwert:**
  Reiz → Beeinflussung der Membran (z. B. elektrisch) ⇒ Membranpotenzial wird positiver.
- **C – Depolarisation:**
  Erreichen des Schwellenwerts ⇒ durch Öffnung spannungsabhängiger Na^+-Kanäle massiver Einstrom von Na^+-Ionen (positive Rück-

kopplung) ⇒ Zellinnenraum wird gegenüber -außenraum rasch elektrisch positiver.

- **D – Repolarisation:**
  - Na^+-Kanäle schließen sich wieder ⇒ kein Na^+-Einstrom mehr
  - Spannungsabhängige K^+-Kanäle öffnen sich ⇒ massiver Ausstrom von K^+-Ionen

  ⇒ Zellinnenraum wird gegenüber -außenraum wieder elektrisch negativer.
- **E – Hyperpolarisation:**
  Zellinnenraum kurzzeitig elektrisch negativer als Zellaußenraum, da sich die K^+-Kanäle nur langsam schließen.
- **F – Rückkehr zum Ruhepotenzial:**
  Wiederherstellung ursprünglicher Ionenverteilung/ursprünglichen Ladungsunterschieds durch Na^+-K^+-Pumpe (siehe S. 38).

Refraktärzeit

Zeit, in der eine Axonmembranregion nach Ablauf eines AP **nicht erneut erregbar** ist ⇒ keine Reaktion auf ankommende Reize.
Grund: Rückkehr der spannungsabhängigen Na^+-Kanäle in ursprünglichen Zustand ⇒ kurzzeitige Inaktivierung der Kanäle.

„Alles-oder-Nichts"-Ereignis

Überschreitung des Schwellenwerts (überschwelliger Reiz) ⇒ Auslösung eines APs („Alles"); dabei gilt: alle APs haben **gleiche Form** und **(Amplituden-)Höhe**, egal, wie stark der Reiz ist.
Bleibt Erregung der Nervenzelle **unterhalb des Schwellenwerts** ⇒ Keine Auslösung eines APs („Nichts").

1.6 Weiterleitung von Aktionspotenzialen

Grundvoraussetzungen an der Membran

- Spannungsänderungen im Verlauf eines APs ⇒ **Kreisströme** ⇒ Depolarisation der Axon-Nachbarregionen bis über den Schwellenwert ⇒ AP in Nachbarregion.

- Weiterleitung des APs aufgrund Refraktärphase nur **axonabwärts**.
- Weiterleitung des APs aufgrund „Alles-oder-Nichts"-Prinzips **ohne Abschwächung** (ständige Wiederverstärkung).

Erregungsleitung an myelinisierten und nicht myelinisierten Nervenfasern

- Myelinisierte Nervenfasern – **saltatorische Erregungsleitung:** APs können sich nur an Ranvier'schen Schnürringen aufbauen → Überspringen der isolierenden Myelinschicht von einem Schnürring zum nächsten ⇒ relativ schnelle Erregungsleitung.
- Nicht myelinisierte N. – **kontinuierliche Erregungsleitung:** Jeder Bereich entlang der Axon-Membran muss bei Weiterleitung eines APs angeregt werden ⇒ Erregungsleitung relativ langsam und höherer Energieverbrauch durch mehr Na^+-K^+-Pumpen. Erhöhung der Leitungsgeschwindigkeit in gewissem Umfang möglich durch („materialaufwendige") Vergrößerung des Axondurchmessers.

Beeinflussung der Weiterleitung von APs am Axon

In der Regel durch Blockade/Aktivierung von Ionenkanälen.

- Exogener Wirkstoff **Saxitoxin** → Blockierung der spannungsabhängigen Na^+-Kanäle ⇒ Verhinderung der Weiterleitung von APs.
- **Endorphine** (endogene „Schmerzmittel"): Liganden an Opioidrezeptoren der Membran → Aktivierung der spannungsabhängigen K^+-Kanäle über nachgeschaltete Transducer ⇒ Hyperpolarisation der Membran ⇒ Nervenzelle nicht mehr erregbar.

1.7 Die Synapse

Verbindungsstelle zwischen zwei Nervenzellen, Nervenzelle und Drüsenzelle oder Nervenzelle und Muskelfaser (**neuromuskuläre Synapse, motorische Endplatte**).

Bau der Synapse

Grundbestandteile: präsynaptische Membran des Endknöpfchens, synaptischer Spalt und postsynaptische Membran.

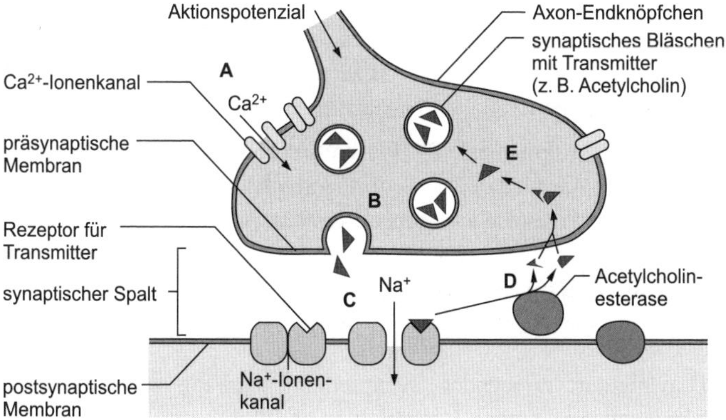

Erregungsübertragung an einer neuromuskulären Synapse

- **A:** am Endknöpfchen eintreffendes AP ⇒ kurzfristiger Ca^{2+}-Ioneneinstrom in die Zelle.
- **B:** Ca^{2+}-Ionen regen synaptische Bläschen zum Verschmelzen mit präsynaptischer Membran an ⇒ Ausschüttung des Transmitters (z. B. Acetylcholin – ACh) in synaptischen Spalt.
- **C:** ACh-Moleküle diffundieren zur postsynaptischen Membran → Bindung an Rezeptormoleküle ⇒ Öffnung von Na^+-Kanälen und Einstrom von Na^+-Ionen ⇒ Depolarisation der Muskelfaser-Membran (postsynaptisches Potenzial, PSP); wenn stark genug ⇒ Auslösen eines APs.
- **D:** Acetylcholinesterase spaltet ACh in Essigsäure und Cholin ⇒ verhindert Dauererregung.
- **E:** Aufnahme von Essigsäure und Cholin in Endknöpfchen („Recycling"); dort: energiebedürftige Neusynthese von ACh und Verpackung in synaptische Bläschen.

Erregende und hemmende Synapsen zwischen Neuronen

- **Erregende Synapsen:** Erzeugen **erregendes postsynaptisches Potenzial (EPSP)** ⇒ elektrisches Potenzial der postsynaptischen Zelle wird positiver ⇒ Depolarisation.
- **Hemmende Synapsen:** Erzeugen **hemmendes (inhibitorisches) postsynaptisches Potenzial (IPSP)** ⇒ elektrisches Potenzial der postsynaptischen Zelle wird negativer ⇒ Hyperpolarisation.

Postsynaptische Potenziale (PSPs) breiten sich über Zellkörpermembran bis zum Axonhügel aus → dort Verrechnung (siehe S. 44); wenn resultierendes Potenzial ausreichend stark ⇒ AP am Axon.

Beeinflussung der Synapsenfunktion

- Durch endogene Substanzen.

  Dopamin: an erregenden Synapsen: Verstärkung von EPSPs; an hemmenden Synapsen: Verstärkung von IPSPs.
- Durch exogene Substanzen.

Wirkstoff	Wirkung
Botulinumtoxin *(Clostridium botulinum)* Alpha-Latrotoxin (Schwarze Witwen)	Verhindert ACh-Freisetzung in synaptischen Spalt ⇒ keine Erregungsübertragung möglich ⇒ schlaffe Lähmung
Curare (Pfeilgiftfrosch) Coniin (Gefleckter Schierling)	Bindet reversibel an ACh-Rezeptoren ⇒ ACh kann nicht mehr binden ⇒ Ionenkanäle bleiben geschlossen ⇒ keine Erregungsübertragung möglich ⇒ schlaffe Lähmung
Königskobra-Gift	Wirkung wie Curare und Coniin, aber irreversible Bindung
Nikotin (Tabakpflanze)	Hat ähnliche Wirkung auf ACh-Rezeptoren wie ACh, kann aber von der ACh-Esterase nicht abgebaut werden ⇒ Dauererregung ⇒ starre Lähmung
E 605 Tabun, Sarin	Irreversible Hemmung der ACh-Esterase ⇒ ACh kann nicht mehr abgebaut werden ⇒ Dauererregung ⇒ starre Lähmung

2 Codierung und Verarbeitung der Informationen an Nervenzellen

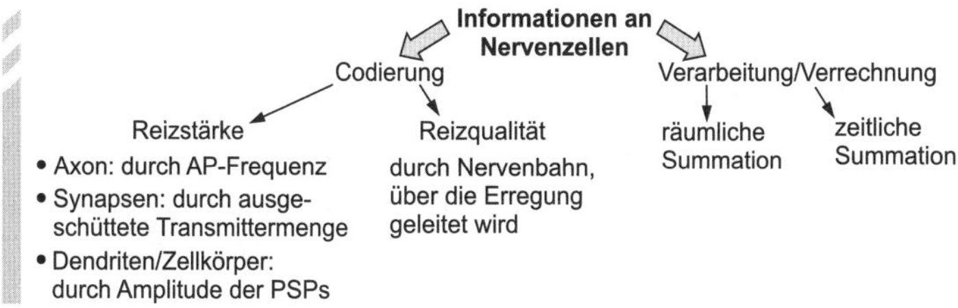

2.1 Codierung von Informationen

Codierung am Axon

Codierung bei Informationsübertragung für alle Axone gleich (motorische wie sensorische Axone, siehe S. 35).

Grundbedingung: Amplitude des APs nicht veränderbar ⇒ Codierung der **Stärke** des Reizes bzw. der Erregung muss über die **Frequenz der AP** erfolgen (frequenzmodulierte Codierung):

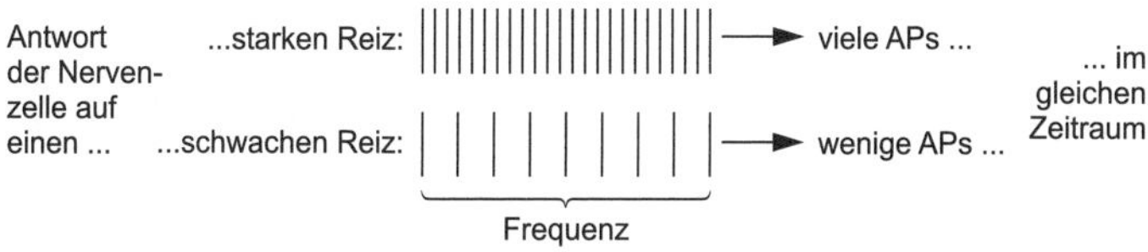

Information über **Reizqualität:** Anhand der verschiedenen Nervenbahnen, über die die Erregung zum Gehirn geleitet wird.

Codierung an Dendriten und Zellkörper

Codierung der Reiz-/Erregungsstärke über Amplitude der EPSPs und IPSPs (amplitudenmodulierte Codierung, siehe S. 44).

Codierung an der Synapse

Codierung der Reiz-/Erregungsstärke über Konzentration/Menge der in den Synapsenspalt ausgeschütteten Transmittersubstanz.

2.2 Verarbeitung/Summation von Informationen

Überlagerung und damit Verrechnung (Addition) von postsynaptischen Potenzialen (IPSPs und EPSPs) an Dendriten, Zellkörper und Axonhügel. Wenn Depolarisation am Axonhügel im Ergebnis groß genug ⇒ AP.

Eigentlich gleich starke PSPs wirken umso stärker, je näher sie am Axonhügel auftreten.

- **Zeitliche Summation (A):** Addition von mehreren in kurzen Abständen **über eine Synapse** an einer Nervenzelle einlaufenden PSPs.
- **Räumliche Summation (B):** Addition von gleichzeitig **über mehrere Synapsen** an einer Nervenzelle einlaufende PSPs.

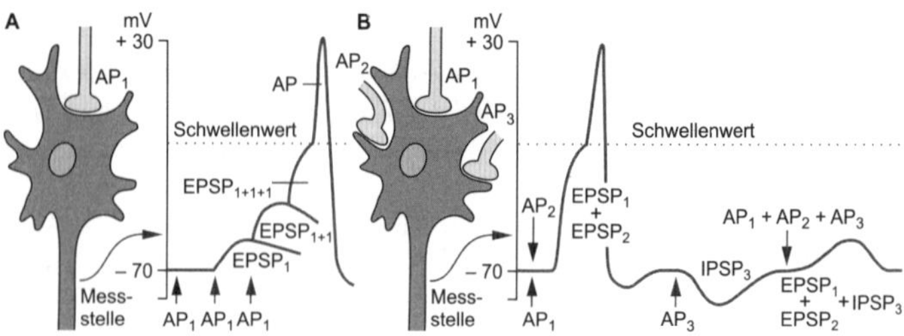

3 Das Nervensystem (NS)

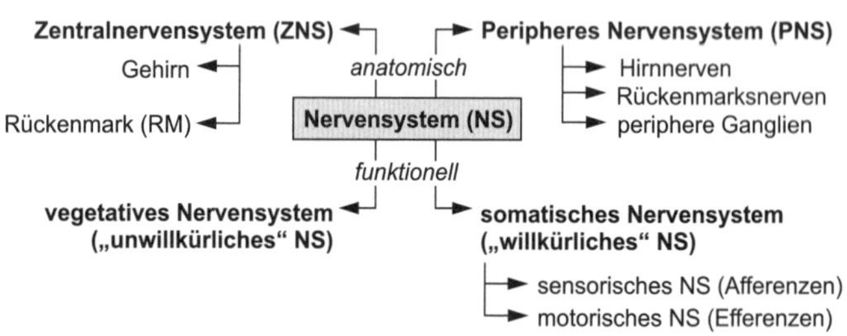

Das Nervensystem der Wirbeltiere ist unterteilt nach anatomischen und funktionellen Merkmalen.

3.1 Rückenmark

Aufbau

Im Wirbelkanal liegender Teil des ZNS; bestehend aus:

- **grauer Substanz** (innen): enthält Neuronen-Zellkörper, Dendriten, Synapsen ⇒ Verschaltung und Verrechnung
- **weißer Substanz** (außen): enthält Axone und Gliazellen ⇒ Erregungsleitung
  - **sensorische (afferente) Fasern:** Axone, die Informationen von Sinneszellen ans ZNS weiterleiten; Zellkörper in Spinalganglien
  - **motorische (efferente) Fasern:** Axone, die Erregung vom ZNS an Erfolgsorgane leiten

  Jeweils zu **Spinalnerven** gebündelt.

Reflex und Reflexbogen

Reflex: Reiz-Reaktions-Verknüpfung, die auf spezifischen Reiz hin immer auf gleiche Weise starr abläuft.

Reflexbogen: neuronale Verbindung von Rezeptor und Effektor.

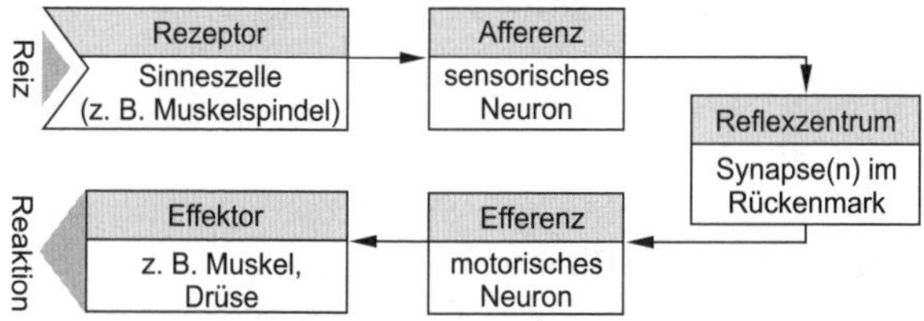

Unterscheidung zwischen:

- **monosynaptischen Reflexen:** Umschaltung Afferenz auf Efferenz in grauer Substanz über eine einzige Synapse.

  Kniesehnenreflex

- **polysynaptischen Reflexen:** Ein oder mehrere Neuronen (Interneurone) zwischen Afferenz und Efferenz geschaltet.

Husten- und Niesreflex, Saugreflex des Säuglings

Bedeutung von Reflexen:

- Entlastung des Gehirns von der Steuerung stereotyper Bewegungen.
- kurze Schaltwege ⇒ kurze Reaktionszeiten, Einsparung von Material und Energie.

3.2 Großhirn – Aufbau und Funktion

- **Großhirnrinde** (graue Substanz) mit Nervenzellkörpern und Dendriten, an deren Synapsen Verrechnungsprozesse ablaufen ⇒ „Leistungszentrum" des menschlichen Gehirns; mit unterschiedlichen Feldern:
  - **Sensorische Felder:** Verarbeitung der über afferente Bahnen einlaufenden Erregung der Sinneszellen.
  - **Motorische Felder:** Bewegungssteuerung → Erregungsmuster laufen über efferente Bahnen zu Erfolgsorganen.
  - Unter der Großhirnrinde:
- **Weiße Substanz** mit Axonen und Gliazellen.
- **Hippocampus** im Schläfenlappen: beteiligt an Speicherung von Informationen ⇒ wesentlich für Lernen und Erinnern.

3.3 Vom äußeren Reiz zum Sinneseindruck im Gehirn

Adäquater Reiz → **Sinneszelle**; dort: Umwandlung der Reize in **Rezeptorpotenziale (Transduktion)** → Weiterleitung der elektrischen Signale als **APs** zum ZNS; im Gehirn: **Sinneseindruck** entsteht aus Erregungen in entsprechenden Hirnbereichen.

Wahrnehmung: Zusammenspiel zwischen Sinneseindrücken und Erfahrungen.

3.4 Substanzen können das Gehirn beeinflussen

- Körpereigene Substanzen:

Endogene Opioide: Ausschüttung in Stresssituationen (z. B. bei Verletzungen); binden an Opioidrezeptoren auf Neuronmembran (Schlüssel-Schloss-Prinzip) ⇒ Wirken als Transmitter oder beeinflussen als Modulatoren andere Transmitter ⇒ Unterdrückung der Schmerzwahrnehmung durch Erschweren der Erregungsübertragung.

- Körperfremde Substanzen:

Ecstasy:
- **Wirkung:** Vermehrte Ausschüttung des Transmitters Serotonin in synaptischen Spalt und Hemmung der Serotonin-Rücktransport-Enzyme ⇒ erhöhter Serotoninspiegel ⇒ dauerhafte Öffnung der Ionenkanäle ⇒ massive Reizverstärkung.
- **Folgen:** Massive Beeinträchtigung der Gehirnfunktionen; Langzeitwirkung: u. a. Gedächtnisdefizite.

3.5 Neuro-Enhancement

Einnahme von Substanzen zur Steigerung der Gehirnleistung („Gehirndoping"); aktive Eingriffe in die Biochemie des Gehirns.

- **Coffein:** Stickstoffhaltige organische Verbindung (z. B. in Kaffee)
  - **Wirkung:** Anregung des ZNS, erhöhte Konzentrationsfähigkeit.
  - **Prinzip:** Erhöhte Adenosinkonzentration → Ruhesignal für Gehirnzellen; Coffein besetzt kompetitiv Adenosin-Rezeptoren, ohne sie zu aktivieren ⇒ Gehirn bleibt im Leistungsmodus.

- **Dihydroergotoxin:** Inhaltsstoff des Mutterkornpilzes
  - **Wirkung:** (Angeblich) Beschleunigung von Vorgängen im geistigen/psychomotorischen Bereich ⇒ Beeinflussung von Gedächtnisleistungen (Lernvermögen).
  - **Prinzip:** Hemmt u. a. Abbau von cAMP (Second-Messenger).
  - **Erhebliche Nebenwirkungen:** Angstzustände, Übelkeit, Durchblutungs- und Kreislaufstörungen etc.

Bewertung von „Gehirndoping" unter gesundheitlichen Aspekten: (Eigen-/fremdbestimmten) Übersteigerten Leistungserwartungen sollte nicht durch die Einnahme den Körper schädigender psychotroper Substanzen begegnet werden.

4 Das Wirbeltierauge

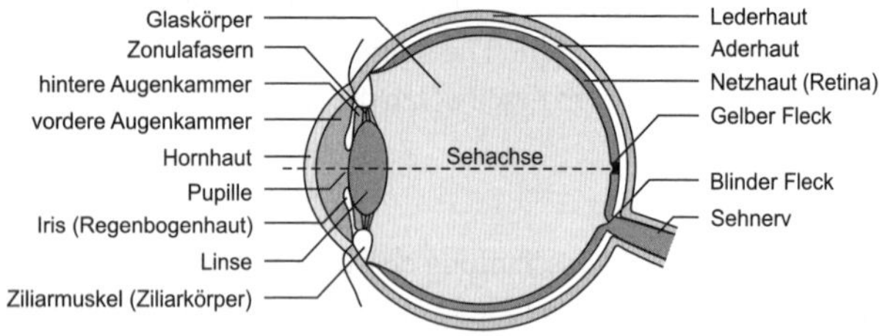

Sinnesorgan zur visuellen Wahrnehmung; **adäquater Reiz:** elektromagnetische Strahlung (Lichtreiz, Photonen).

4.1 Aufbau

Linsenauge mit komplexem **optischen Apparat:** Licht → Hornhaut → vordere Augenkammer → Pupille (Öffnungsweite durch Iris bestimmt) → verformbare Augenlinse (Akkommodation durch Linsenbänder und Ziliarmuskel) → Glaskörper → Netzhaut (Retina).

4.2 Die Netzhaut (Retina)

Bau und Funktion

Auf **Netzhaut** entsteht verkleinertes, spiegelverkehrtes, auf dem Kopf stehendes, reelles **Bild** der Umwelt.
Aufgabe Netzhaut: Reizaufnahme (Perzeption), Reizverarbeitung und Reizweiterleitung.

Inverses Auge: lichtempfindliche Zellen (auch: **Lichtsinneszellen, Sehzellen, Fotorezeptoren**) auf der dem Lichteinfall abgewandten Seite.
Informationsfluss von Sehzellen Richtung Sehnerv: Prinzip der gebündelten Weiterleitung von Informationen:

- **Bipolarzellen:** In der Regel mit mehreren Sinneszellen über Synapsen verbunden; Weiterleitung zu …

- **Ganglienzellen:** In der Regel mit mehreren Bipolarzellen verbunden; laufen zusammen zum **Sehnerv**.
- **Horizontalzellen** und **amakrine Zellen:** Zur lateralen Verknüpfung ⇒ intra-retinale Informationsverarbeitung.

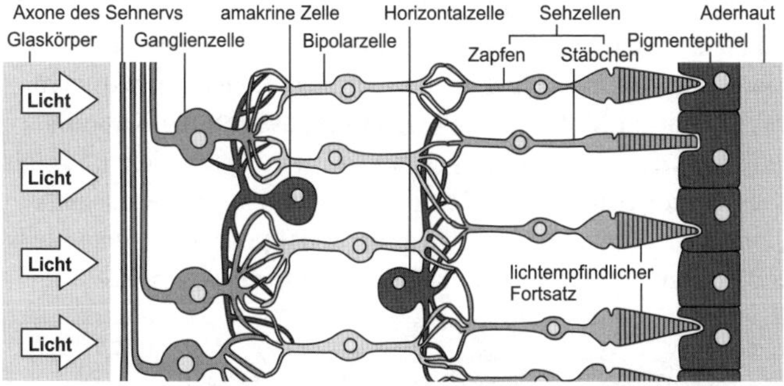

Rezeptives Feld: Gruppe von Fotorezeptoren, die auf eine einzige nachgeschaltete Ganglienzelle weiterleiten. Großes rezeptives Feld ⇒ hohe Empfindlichkeit der Wahrnehmung, aber geringe Auflösung. Dagegen im **Gelben Fleck:** gleich viele Sinneszellen wie Ganglienzellen ⇒ 1 : 1-Verschaltung ⇒ höchstmögliche Auflösung ⇒ Stelle des schärfsten Sehens.

Rezeptoren der Netzhaut

Sekundäre Sinneszellen: Ohne Axon, bilden selbst keine Aktionspotenziale.

- **Zapfen:** Farbensehen (Mensch: ca. 6 Mio.)
- **Stäbchen:** Dämmerungs- und Hell-Dunkel-Sehen (Mensch: ca. 120 Mio.)

Ähnlicher **Aufbau** aus:

- Zellkörper (Innensegment) mit Zellkern, Zellorganellen und synaptischen Endigungen.
- Lichtempfindlicher Fortsatz (Außensegment) mit Sehpigmenten in Membraneinfaltungen (bei Zapfen) bzw. in der Membran der ca. 2 000 im Zellplasma schwimmenden Disks (bei Stäbchen) ⇒ Oberflächenvergrößerung.

Funktion am Beispiel der Stäbchen (Zapfen ähnlich):

- Sehpigment **Rhodopsin** („Sehpurpur"): Opsin (Proteinanteil) + eingelagertes Retinal (Vitamin-A-Abkömmling).
- Ablauf der Umwandlung eines adäquaten Reizes (Photonen) in elektrische Erregung → Transduktionsprozess:
  Photon trifft auf Rhodopsin ⇒ Retinal-Molekül ändert räumliche Anordnung: 11-cis-Retinal wird zu all-trans-Retinal ⇒ Aktivierung des Rhodopsin-Moleküls → **Signal-Transduktions-Kaskade** in Gang gesetzt: lawinenartige Verstärkung des ursprünglichen Signals → Hyperpolarisation der Rezeptorzellmembran ⇒ Ausschüttung hemmender Transmitter an Synapsen mit Bipolarzellen unterbleibt ⇒ Bipolarzellen werden depolarisiert ⇒ Bildung von APs.

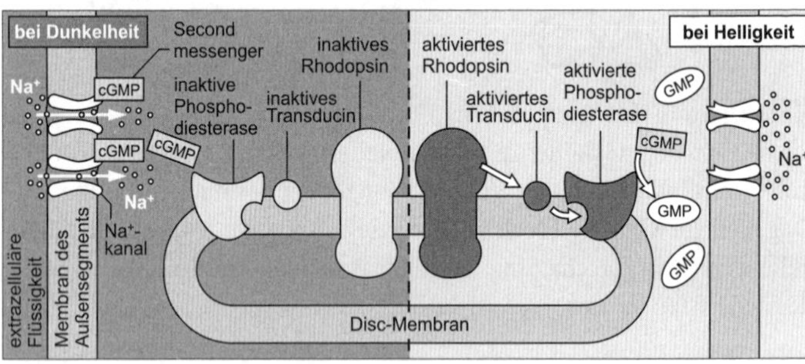

Wahrnehmung von Kontrast und Farbe

- **Kontrastwahrnehmung:** Sinneszellen sind in der Lage, Unterschiede zwischen hellen und dunklen Bereichen innerhalb des Gesichtsfelds zu erkennen, wenn Kontrast groß genug ist. **Laterale Hemmung** bewirkt verstärkte Kontrastwahrnehmung.
- **Farbwahrnehmung: Drei Zapfentypen** mit unterschiedlichen Absorptionsmaxima (Rotrezeptor, Grünrezeptor, Blaurezeptor).
  Aus unterschiedlich starker Aktivierung der verschiedenen Zapfentypen errechnet Gehirn Farbeindruck.

Ökologische Verflechtungen

1 Wechselbeziehungen zwischen Lebewesen und ihrer Umwelt

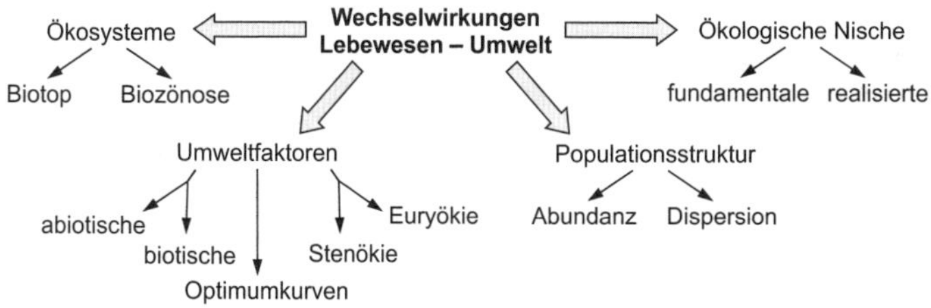

1.1 Grundbegriffe der Ökologie

- **Ökologie:** Teilbereich der Biologie; beschäftigt sich mit den **Wechselwirkungen** zwischen belebter und unbelebter Umwelt und den gegenseitigen **Beeinflussungen** der Organismen untereinander.
- **Ökosysteme:** Offene Systeme; unterteilt in die Bereiche **Biotop** (unbelebte Umwelt) und **Biozönose** (darin existierende Lebewesen).

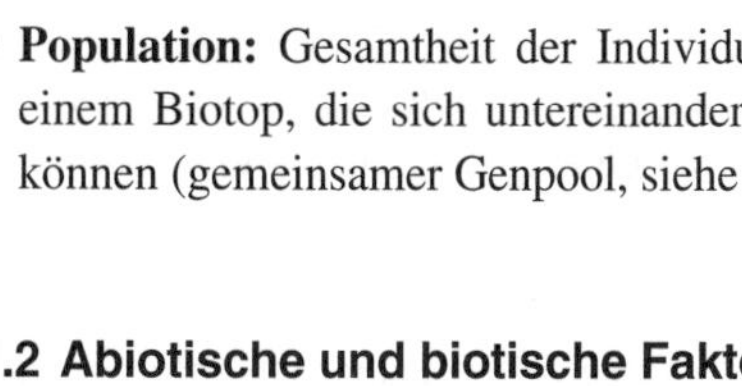

Schema eines Ökosystems

- **Population:** Gesamtheit der Individuen einer Art (siehe S. 73) in einem Biotop, die sich untereinander uneingeschränkt fortpflanzen können (gemeinsamer Genpool, siehe S. 82).

1.2 Abiotische und biotische Faktoren und deren Wirkung

- **Abiotische (Umwelt-)Faktoren:** Physikalische und chemische Faktoren der unbelebten Umwelt.

Intensität der Sonneneinstrahlung, Temperatur, pH-Wert des Bodens, O_2-Gehalt der Luft

- **Biotische (Umwelt-)Faktoren:** Gegenseitige Beeinflussungen der Lebewesen eines Ökosystems.

fördernd: Symbiose, Arbeitsteilung
hemmend: Fressfeinde, Konkurrenz um Nahrung und Lebensraum

Wegen ihrer gegenseitigen Wechselwirkungen werden abiotische und biotische Faktoren oft als **ökologische Faktoren** zusammengefasst.

Pflanzendecke verändert die abiotischen Faktoren Temperatur und Lichtintensität für die am Erdboden lebenden Organismen.

Optimumkurven

Optimumkurve verdeutlicht die Reaktion von Lebewesen gegenüber einem variablen Umweltfaktor.

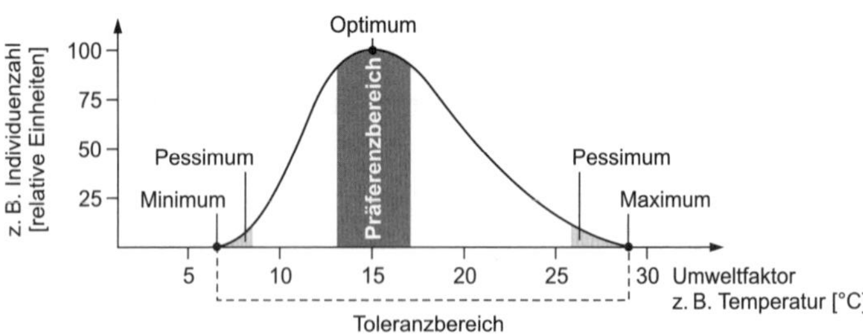

- **Kardinalpunkte: Optimum** (optimale Ausprägung des Umweltfaktors), **Minimum** und **Maximum** (Begrenzung des Toleranzbereichs).
- **Toleranzbereich:** Überleben des betrachteten Lebewesens möglich.
- **Präferenzbereich:** Bereich der günstigsten Ausprägung des Umweltfaktors.
- **Pessima:** Keine Fortpflanzung mehr möglich.

Die **ökologische Potenz** einer Art gegenüber einem bestimmten Umweltfaktor beschreibt die Reaktionsbreite (Toleranz), mit der diese Art auf den Umweltfaktor reagieren kann.

Da **Bioindikatoren (Zeigerorganismen, Leitorganismen)** ei... gen Toleranzbereich gegenüber einem oder mehreren abiotischen Umweltfaktoren besitzen, kann durch ihr Vorkommen auf die Beschaffenheit (Qualität) dieses abiotischen Faktors/dieser abiotischen Faktoren in einem Ökosystem geschlossen werden.

Torfmoos: Vorkommen bei saurem Boden-pH-Wert von 3–4.

Physiologisches und ökologisches Optimum

- **Physiologisches Optimum:** Intensitätsbereich eines Umweltfaktors, bei dem der betrachtete Organismus die günstigsten Bedingungen vorfindet.
- **Ökologisches Optimum:** Intensitätsbereich eines Umweltfaktors, bei dem der betrachtete Organismus unter der Wirkung interspezifischer Konkurrenz die günstigsten Bedingungen vorfindet.

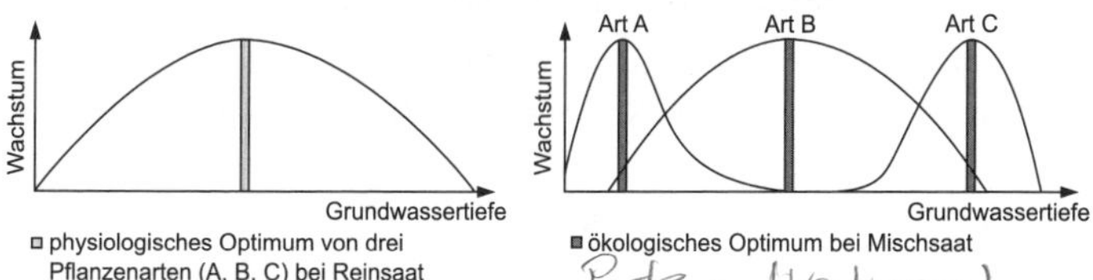

Physiologisches und ökologisches Optimum verschiedener Pflanzenarten

Euryökie vs. Stenökie

- **Euryöke Arten** weisen gegenüber einem oder mehreren Umweltfaktoren einen großen Toleranzbereich auf.
- Bei **stenöken Arten** ist der Toleranzbereich gegenüber einem oder mehreren Umweltfaktoren sehr klein.

Karpfen sind in Bezug auf die Wassertemperatur euryök, Bachforelle und Guppy hingegen stenök.

R(eaktions)-G(eschwindigkeits)-T(emperatur)-Regel

RGT-Regel (Q10-Regel): Eine Temperaturerhöhung um 10 °C im physiologischen Bereich beschleunigt eine (bio-)chemische Reaktion um das Zwei- bis Dreifache.

Optimales Milieu und Minimumfaktoren

Umweltfaktoren setzen durch ihre Quantität und Qualität der Entfaltung von Lebewesen Grenzen. Die Lage des **optimalen Milieus** einer Art wird durch das **Zusammenspiel** (wachstums-)limitierender Umweltfaktoren festgelegt und ergibt sich aus deren **Schnittmengen**.
Die in einem Ökosystem in der geringsten Menge vorhandene Ressource, der **Minimumfaktor**, bestimmt die Produktivität eines Organismus oder einer Population → **Gesetz vom Minimum** (VON LIEBIG).

1.3 Ökologische Nische und Habitat

Ökologische Nische: Gesamtheit der Beziehungen, die eine Art zu ihrer belebten und unbelebten Umwelt unterhält. Nicht räumlich als Gebiet zu verstehen, das von einer Art besetzt werden kann.

Unterschiedliche Nutzung der „Existenzangebote des Ökosystems See“ durch unterschiedliche Reiherarten: z. B. Silberreiher: Fischfang, schreitend im tieferen Wasser; Purpurreiher: erbeutet z. B Amphibien, Fische, Insekten und Mäuse stehend im Röhricht.

- **Fundamentale Nische:** Bereich, in dem eine Art unter der günstigsten Wirkung der Umweltfaktoren optimal leben kann (siehe auch physiologisches Optimum, S. 53).
- **Realisierte Nische (Realnische):** Bereich der fundamentalen Nische, der von einer Art unter dem Einfluss von Konkurrenz und anderen Standortfaktoren tatsächlich belegt wird (siehe auch ökologisches Optimum, S. 53).

Manche Arten können die Entwicklung eines Umweltfaktors in ihrem Lebensraum in Richtung Pessimum durch einen anderen Umweltfaktor **kompensieren** ⇒ können so in gewissen Grenzen auf Änderungen in der ökologischen Nische reagieren.
Diese Möglichkeit der Reaktion auf Umweltveränderungen ist Teil der **ökologischen Potenz** einer Art.

Luzernerüsselkäfer: Optimale Ei-Überlebensrate bei Luftfeuchtigkeit über 75 % und Temperatur von 12–30 °C. Bei Absinken der Luftf. auf

70 % kann zur Eiablage auf Bereiche ausgewichen werden, in denen es 12–24 °C warm ist, um die Überlebensrate möglichst hoch zu halten.

Habitat einer Art: Ihr Lebensbereich im Ökosystem.

1.4 Abundanz und Dispersion

Zwei Umstände spielen wesentliche Rolle für **Populationsstruktur:**

- **Abundanz:** Dichte einer Population in ihrem Lebensraum, gemessen nach Individuenzahl pro Flächen- oder Rauminhalt.
- **Dispersion:** Räumliches Verteilungsmuster der Individuen einer Population im Biotop.
  - **zufällige:** Individuen sind wahllos im Lebensraum verteilt.

    Bäume einer Art im tropischen Regenwald
  - **reguläre:** Individuen sind regelmäßig im Lebensraum verteilt.

    Königspinguine auf Südgeorgien
  - **geklumpte:** Bereiche mit Individuenanhäufungen wechseln ab mit solchen, in denen keine oder so gut wie keine Individuen anzutreffen sind.

    Fischschwärme, Asseln

2 Stoff- und Energiefluss im Ökosystem

Biomasse: Gesamtheit der Masse aller in einem Biotop vorkommenden Lebewesen; angegeben als Frisch- oder Trockenmasse pro Flächen- oder Rauminhalt.

2.1 Die Fotosynthese der grünen Pflanzen

Fotosynthese: Komplexer Umwandlungs- und Syntheseprozess, bei dem grüne Pflanzen die Lichtenergie nutzen, um aus energiearmen anorganischen Stoffen (CO_2, H_2O) energiereiche körpereigene organische Stoffe (Glukose) aufzubauen. Gegliedert in:

- **Fotoreaktion** (auch: Energieumwandlung, Lichtreaktion, Primärreaktion): Strahlungsenergie der Sonne → chemische Energie.
- **Synthesereaktion** (auch: Substanzumwandlung, Dunkelreaktion, Sekundärreaktion): Anorganische → organische Verbindungen.

Reaktionsgleichung der Fotosynthese:

$$\underset{\textit{Kohlenstoffdioxid}}{6\,CO_2} + \underset{\textit{Wasser}}{12\,H_2O} \xrightarrow{\text{Lichtenergie}} \underset{\textit{Glukose}}{C_6H_{12}O_6} + \underset{\textit{Wasser}}{6\,H_2O} + \underset{\textit{Sauerstoff}}{6\,O_2}$$

Überblick über das Fotosynthesegeschehen:

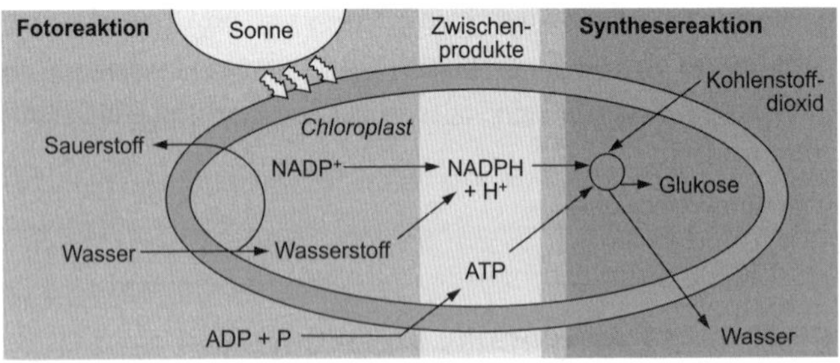

Messung der **Fotosyntheseaktivität** z. B. indirekt über Messung der O_2-Abgabe möglich.

Grundbedingungen des Fotosynthese-Prozesses

Die Fotosynthese ist von diversen abiotischen Außenfaktoren abhängig:

- **Temperatur:**

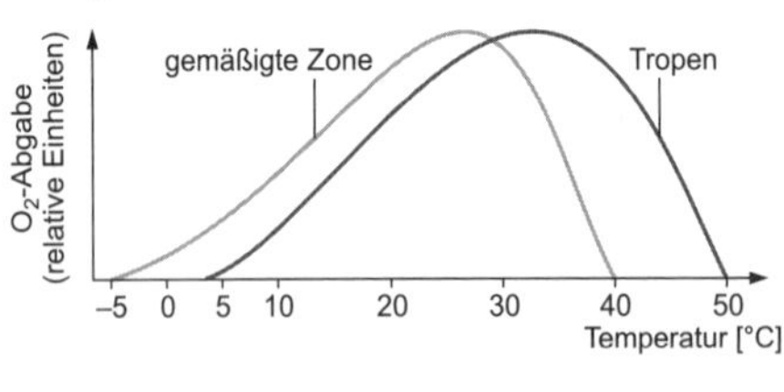

Zusammenhang zwischen Temperatur und Fotosyntheseaktivität am Beispiel immergrüner Laubbäume

- **CO_2-Gehalt der Luft:**

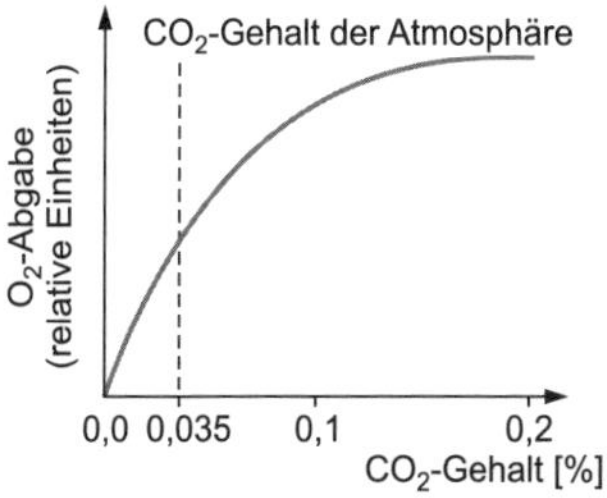

Zusammenhang zwischen CO_2-Gehalt der Atmosphäre und Fotosyntheseaktivität

- **Beleuchtungsstärke (Lichtintensität):**

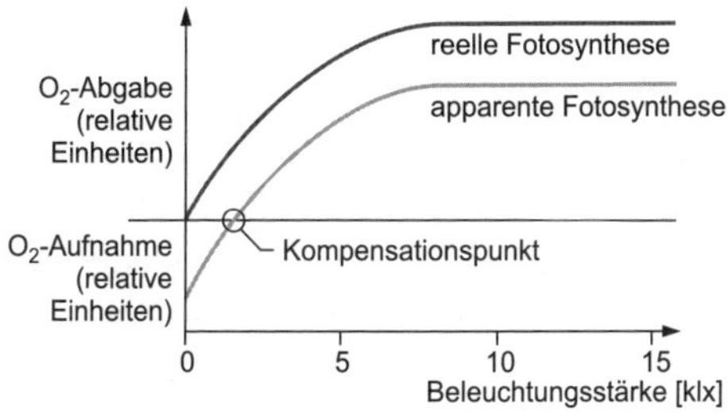

Zusammenhang zwischen Beleuchtungsstärke und Fotosyntheseaktivität

Die von den Pflanzen bei der Fotosynthese produzierten Kohlenhydrate werden zur Energiegewinnung im Zuge der Zellatmung teilweise wieder abgebaut. Dabei verbrauchen die Pflanzen Sauerstoff.
Erst ab einer gewissen Ausprägung eines Außenfaktors (z. B. einer gewissen Lichtintensität oder CO_2-Konzentration) übersteigt die O_2-Abgabe die O_2-Aufnahme → **Kompensationspunkt**. Betrachtet man die Fotosyntheseleistung einer Pflanze, lässt sich unterscheiden zwischen:

- **Apparenter Fotosynthese:** Menge des produzierten O_2.
- **Reelle Fotosynthese:** Menge des produzierten O_2 minus Menge des verbrauchten O_2.

Engpass-Modell der Fotosynthese: Abiotischer Umweltfaktor mit ungünstigstem Wert bestimmt Menge der hergestellten Produkte.

Chloroplasten – die Orte der Fotosynthese

- **Doppelmembran** als Hülle: äußere und innere Membran
- **Stroma (Matrix):** Ort der Synthesereaktion
- **Thylakoide:** längliche Membranstrukturen

- **Grana** (Granum-Thylakoide): Ausstülpungen der Thylakoide, geldrollenartig gefaltet (Oberflächenvergrößerung); Ort der Fotoreaktion

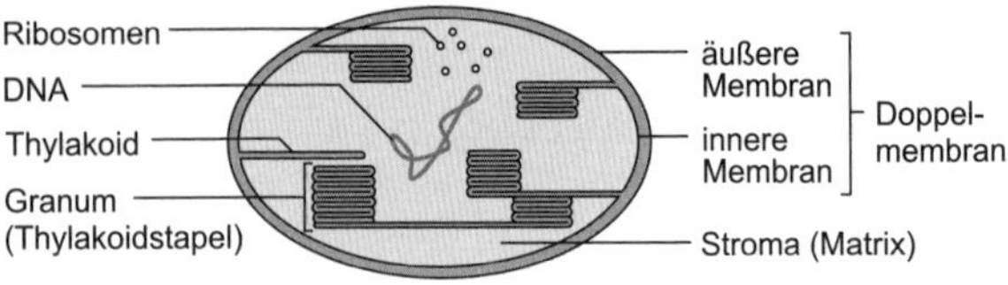

Fotoreaktion (lichtabhängige Energieumwandlung)

An der **Fotoreaktion** sind zwei verschiedene **Fotosysteme (P)** beteiligt, die in die Thylakoidmembranen eingelagert sind.

- **P700 (Fotosystem I):** mit Reaktionszentrum aus einem Chlorophyll-a-Molekül; Absorptionsmaximum bei Wellenlänge von 700 nm.
- **P680 (Fotosystem II):** mit Reaktionszentrum aus einem Chlorophyll-a-Molekül; Absorptionsmax. bei Wellenlänge von 680 nm.

Absorption der Lichtenergie (Photonen) erfolgt über **Antennenkomplexe** (Lichtsammelkomplexe; aus Chlorophyllmolekülen und Carotinoiden) → Weiterleitung der Anregungsenergie an das jeweilige Reaktionszentrum des Fotosystems.

Ablauf der Fotoreaktion:

- **Elektronentransport:**

  Licht der Wellenlänge 700 nm trifft P700 (Fotosystem I), Licht der Wellenlänge 680 nm trifft P680 (Fotosystem II) ⇒ Anregung von Elektronen (e^-) im jeweiligen Reaktionszentrum ⇒ angeregte Elektronen werden jeweils auf nachgeschalteten Elektronenakzeptor übertragen, der Teil einer Elektronentransportkette ist.

  → Transport der Elektronen:

  – von der P700 nachgeschalteten Transportkette auf $NADP^+$.

  – von der P680 nachgeschalteten Transportkette auf P700.

  ⇒ Ausgleich des Elektronenmangels im Reaktionszentrum von P700.

  Die Lichtenergie, die P680 trifft, bewirkt neben dem Anstoßen des Elektronentransports auch die **Fotolyse** von H_2O ⇒ Aufspaltung von Wasser in Elektronen, Protonen (H^+) und Sauerstoff über sog. **Wasserspaltungsapparat**.

→ Elektronen gleichen Elektronenmangel in P680 aus.
→ Protonen werden in das Thylakoidlumen abgegeben.
→ Sauerstoff wird in die Umgebung abgegeben.

- **Aufbau von NADPH + H^+:**
  Übertragung der vom P700 kommenden Elektronen auf $NADP^+$ und Aufnahme von 2 H^+-Ionen aus der Fotolyse des Wassers ⇒ Bildung von **NADPH + H^+**.

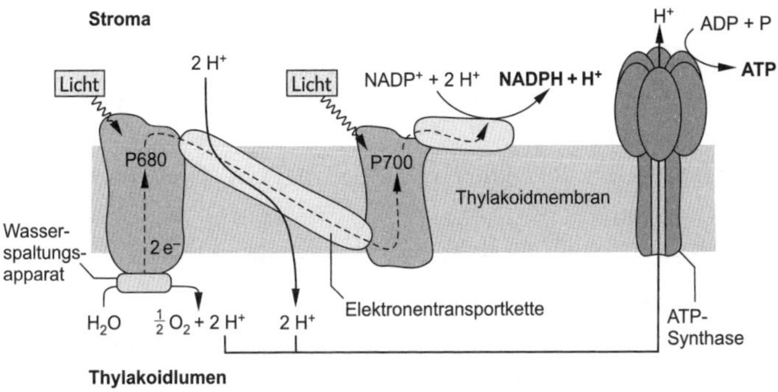

Schematisch Darstellung des Ablaufs der Fotoreaktion

- **Aufbau von ATP:**
  Protonengradient zwischen Stroma und Lumen, da …
  – H^+-Transport aus dem Stroma in das Thylakoidlumen mithilfe der beim Elektronentransport zwischen P680 und P700 freigesetzten Energie stattfindet.
  – H^+-Ionen aus Wasserspaltung in Lumen abgegeben werden.
  H^+-Ionen können Lumen nur über **ATP-Synthase** (Tunnelprotein-Komplex in Thylakoidmembran; „molekularer Motor") verlassen → Nutzung der Kraft des Protonenflusses entlang des Konzentrationsgefälles ⇒ Bildung von ATP (aus ADP + P) im Stroma.

- **Zyklischer Elektronentransport als Sonderweg:**
  Funktion: Bildung von ATP.
  Prinzip: Elektronenübertragung nicht auf $NADP^+$, sondern Elektronen gelangen zurück in Elektronentransportkette, die P680 nachgeschaltet ist. Durch an Elektronentransport gekoppelten H^+-Transport gelangen weitere H^+-Ionen in Thylakoidlumen ⇒ Verstärkung des Protonengradienten.

Synthesereaktion (lichtunabhängige Substanzumwandlung)

Die Synthesereaktion verläuft in einem Kreisprozess, dem **CALVIN-Zyklus** (im Stroma), in dem …

- **NADPH + H+** aus der Fotoreaktion,
- **ATP** aus der Fotoreaktion und
- **CO_2**

verwendet werden, um **Glukose** (Traubenzucker) herzustellen. Als „Abfallprodukt" entsteht Wasser.

Verwendung der Produkte aus der Fotoreaktion und des CO_2:

- **ATP:** Aktivierung von RuP und Aktivierung der Umwandlungsreaktion von PGS in PGA.
- **NADPH + H+:** Reduktion von PGS zu PGA durch Wasserstoffübertragung.
- **CO_2:** Übertragung auf RubP (CO_2-Fixierung) → PGS.

Entstehung des Glukose-Moleküls:

- 2 PGA-Moleküle (C3-Körper) verbinden sich zu einem Glukose-Molekül (C6-Körper).
- Ausschleusen der Glukose aus dem Kreislauf.

Restliche PGA-Moleküle:

Regenerationsreaktion, bei der aus PGA (über diverse Zwischenschritte) wieder RuP hergestellt wird.

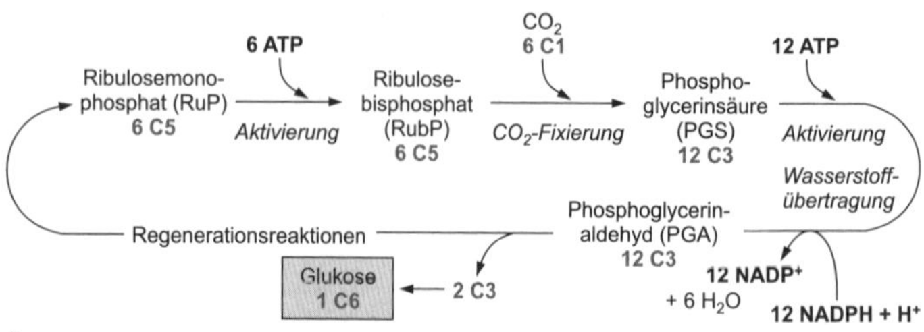

Überblick über den CALVIN-Zyklus

2.2 Nahrungsbeziehungen: Nahrungskette/Nahrungsnetz

Nahrungskette: Darstellung von Nahrungsbeziehungen in linearer Form. Auf die Produzenten folgen meist mehrere Konsumentenglieder.

Nahrungskette in einem See:

Bedeutung der Richtungspfeile: $x \rightarrow y \Rightarrow$ x ist die Nahrungsgrundlage von y.

Nahrungsnetz: Zu einem Nahrungskettengefüge zusammengeschlossene Nahrungsketten.

Abgestorbene Biomasse wird von **Destruenten** (z. B. Mikroorganismen und Pilze) in ihre anorganischen Bestandteile zerlegt.

2.3 Stoff- und Energiefluss

Ökologische Pyramiden

Die Verhältnisse zwischen Produzenten und Konsumenten werden in Form von **Pyramiden** dargestellt. Mit ihren unterschiedlichen **trophischen Stufen** (auch: **Trophiestufen**, **Trophieebenen**) verdeutlichen sie z. B. die Anzahl der Individuen, ihre Biomasse, ihren Lebensraumbedarf oder den Energiegehalt der Biomasse.

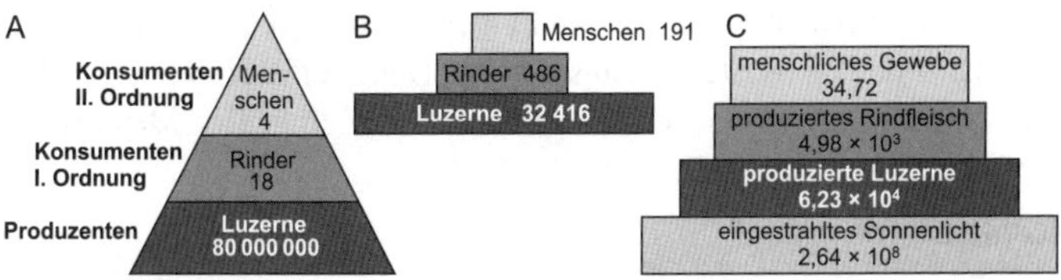

A: Zahlenpyramide (auch: Produzenten-, Konsumenten- oder Nahrungspyramide), Angaben in Individuen/ha; B: Biomassepyramide, Angaben in kg/ha; C: Energiepyramide, Angaben in kJ

Verbleib von Biomasse und Energie/ökologische Effizienz

Mit jeder höheren Trophiestufe **nimmt** vor allem aufgrund von **Stoffwechselverlusten** sowohl der **Energiegehalt** als auch die **Biomasse ab**.

Nettoprimärproduktion = Bruttoprimärproduktion – Atmung

Die **ökologische Effizienz** der Biomasseverwertung durch Konsumenten liegt bei lediglich **etwa 10%** ⇒ nur ca. 1/10 der vom Konsumenten aufgenommenen Biomasse wird in eigene Biomasse umgewandelt. Der Rest wird letztendlich als Wärmeenergie entwertet.

Algen →	Zooplankton →	Heringe →	Makrelen →	Thunfisch →	Mensch
10 000 kg	**1 000 kg**	**100 kg**	**10 kg**	**1 kg**	**0,1 kg**

Die in der Biomasse enthaltene Energie (chemische Energie) stammt in der Regel ursprünglich von der Sonne (physikalische Energie).

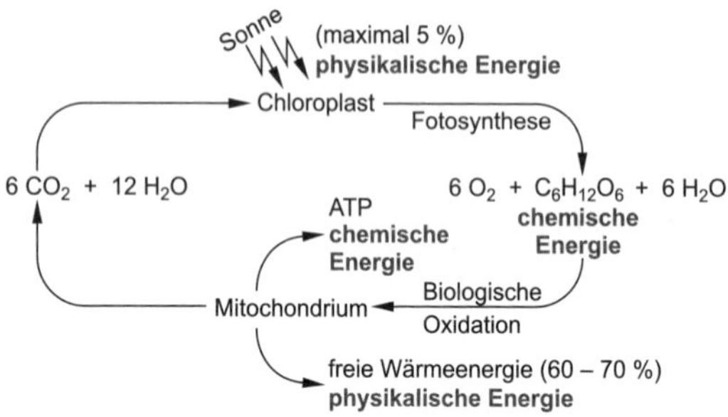

Schematische Darstellung des Energieflusses

2.4 Stoffkreisläufe

Chemische Elemente und Verbindungen werden in **Stoffkreisläufen** innerhalb der Ökosysteme transportiert. Dabei erfolgt ein Auf-, Ab- und Umbau der Substanzen sowie deren Recycling. Der Mensch beeinflusst diese Kreisläufe.

Kohlenstoffkreislauf

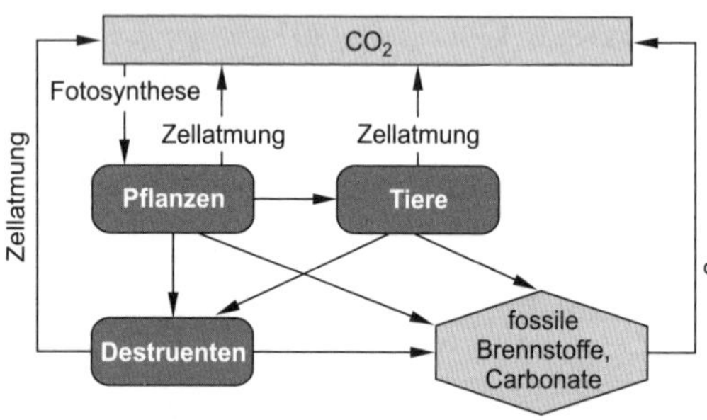

Vereinfachter Kreislauf des Kohlenstoffs

Stickstoffkreislauf

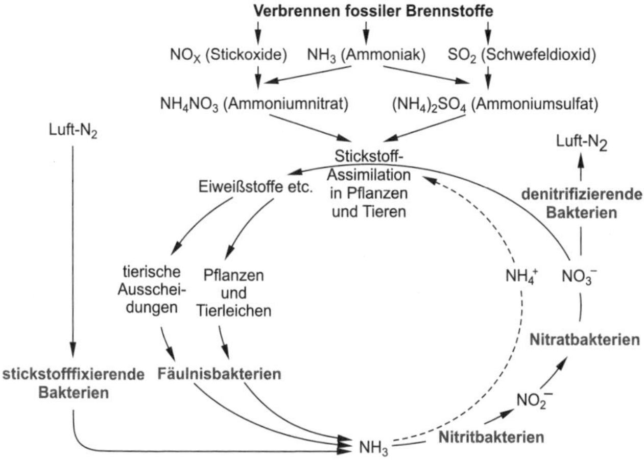

Vereinfachter Kreislauf des Stickstoffs

2.5 Aquatische Ökosysteme

Dichteanomalie des Wassers: 4 °C warmes Wasser ist schwerer als Wasser mit niedrigerer oder höherer Temperatur ⇒ Gewässer frieren von der Oberfläche zum Boden hin zu ⇒ Lebewesen können bei niedrigen Temperaturen am Gewässergrund überleben.

Fließgewässer

Lebensbereiche: Oberlauf, Mittellauf, Unterlauf, Mündungsbereich

Im Verlauf der Fließstrecke **erhöht** sich die **Wassertemperatur** und **verringert** sich der **Sauerstoffgehalt** des Wassers (im Jahresverlauf weitgehend gleichbleibend).

See

Veränderungen im Jahresverlauf:

- **Winter und Sommer:** Stagnation des Wasserkörpers ohne (Eisschicht) bzw. mit nur oberflächlicher Durchmischung (Sommer: Sprungschicht) ⇒ Sauerstoffgehalt kann in tieferen Schichten bis auf 0 sinken ⇒ Problem für sauerstoffbedürftige Lebewesen.

- **Frühjahr und Herbst:** Zirkulation des gesamten Wasserkörpers, dabei gleichmäßige Durchmischung des Wassers ⇒ rel. gleichmäßiger Sauerstoffgehalt.

Lebensbereiche:

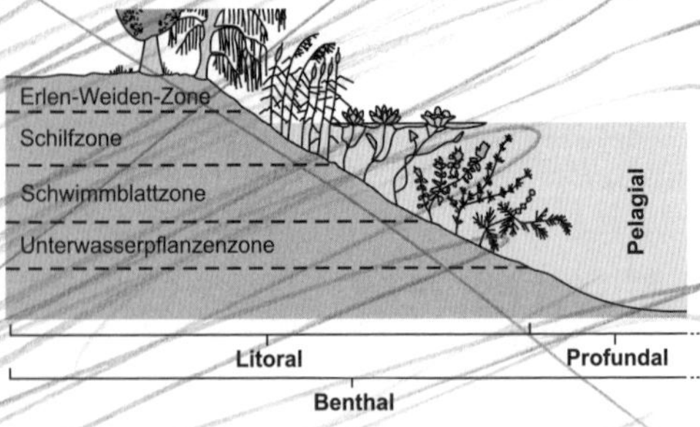

Der Bereich eines Gewässers, der vom Sonnenlicht erreicht wird, wird als **Nährschicht** bezeichnet. Hier können Fotosynthese treibende Lebewesen existieren. Darunter liegt die **Zehrschicht**.

Nährstoffgehalt

- **Oligotrophe Gewässer:** Geringer Nährstoffgehalt.
- **Eutrophe Gewässer:** Hoher Nährstoffgehalt z. B. durch Überdüngung. Durch Eutrophierung kann es zu **Algenblüten** kommen.

Natürliche Selbstreinigung eines Gewässers durch **Saprobionten** (auch: Saprobier; fließender Übergang zu den Destruenten) im Zusammenspiel mit physikalischen (Wasserdurchmischung) und chemischen (Redox-Vorgänge) Prozessen. Wenn Selbstreinigungskräfte nicht ausreichen, kann es durch Sauerstoffmangel und Anreicherung giftiger Abbauprodukte zum **„Umkippen“** eines Gewässers kommen.

Gewässerqualität bewertet anhand von **Saprobienindex** → Anwesenheit von Leitorganismen (siehe auch S. 53) ermöglicht Einteilung in Gewässergüteklassen (I → sehr gut; IV → schlecht).

2.6 Terrestrische Ökosysteme

Wald

- **Laubwald:** hauptsächlich Laubbäume, laubwerfend
- **Nadelwald:** vorwiegend Nadelbäume, immergrün

Typischer **Stockwerkbau:** Moos-, Kraut-, Strauch- und Baumschicht

Es sind charakteristische **Waldgesellschaften** unterscheidbar:

- **Auenwälder:** An Flussunterläufen; Ulmen, Eschen, Pappeln, Weiden, feuchtigkeitsliebende Krautschicht.
- **Rotbuchenwälder:** Starke Beschattung des Waldbodens ⇒ kaum anderer Baumbestand; Waldmeister und Nestwurz in der Krautschicht.
- **Schluchtwälder:** Feucht-schattige Standorte mit Eschen-, Ulmen- und Ahornarten; artenreiche und sehr produktive Laubmischwälder.

Vor allem Licht, Temperatur und pH-Wert bestimmen am jeweiligen Standort die **Zusammensetzung und Artenvielfalt** einer Waldgesellschaft.
Charakteristische **Zeigerpflanzen (Indikatorpflanzen)** ermöglichen es, Klima und Bodenbeschaffenheit eines Standorts zu bestimmen und zu beurteilen.

Bewirtschaftung und Standortfaktoren

Die Bewirtschaftung landwirtschaftlich genutzter Flächen wird durch die dort existierenden **Standortfaktoren** wie Bodenbeschaffenheit, Bodenrelief und das Klima bestimmt. Deshalb können an einzelnen Standorten nur bestimmte Pflanzenarten gewinnbringend eingesetzt werden. **Standortnachteile** können ggf. (z. B. durch **Düngung** oder **Bewässerung**) **ausgeglichen** werden.

3 Populationen und ihre Dynamik

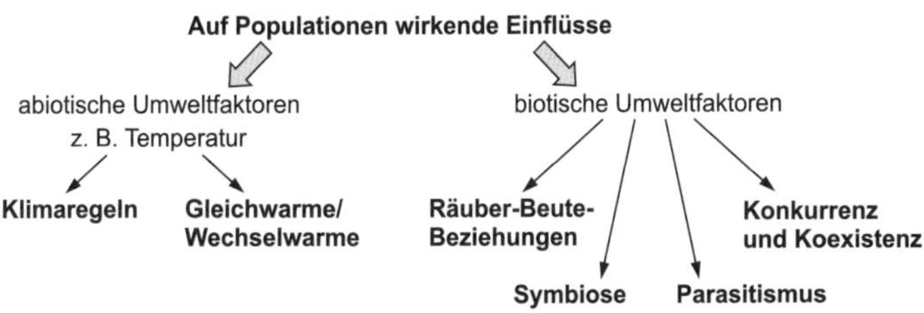

3.1 Tiergeographische Regeln/Klimaregeln

Tiergeographische Regeln (Klimaregeln): Gesetzmäßigkeiten, die einen Zusammenhang zwischen ökologisch-geographischen Gegebenheiten und morphologisch-physiologischen Eigenschaften einer Art bzw. verwandter Arten beschreiben.

- **Größenregel (BERGMANN'sche Regel):** Vertreter gleichwarmer Tierarten, die in kälteren Klimazonen vorkommen, sind großwüchsiger als Individuen nahe verwandter Arten, die in wärmeren Klimaten beheimatet sind.

  Pinguine: Größte Arten am Südpol, kleinste auf Galapagos.

- **Proportionsregel (ALLEN'sche Regel):** Vertreter gleichwarmer Tierarten, die in kälteren Klimazonen vorkommen, haben kürzere Körperanhänge (z. B. Nase, Ohren, Schwanz) als Individuen nahe verwandter Arten, die in wärmeren Klimaten beheimatet sind.

  Füchse: Ohrmuschelgröße verwandter Arten steigt von Norden nach Süden an (Nordhalbkugel).

3.2 Temperaturbeziehungen

- **Homoiotherme (gleichwarme) Tiere:** Können ihre Körpertemperatur relativ unabhängig von der Außentemperatur konstant halten; Vögel und Säuger.
- **Poikilotherme (wechselwarme) Tiere:** Körpertemperatur entspricht weitgehend der Umgebungstemperatur.

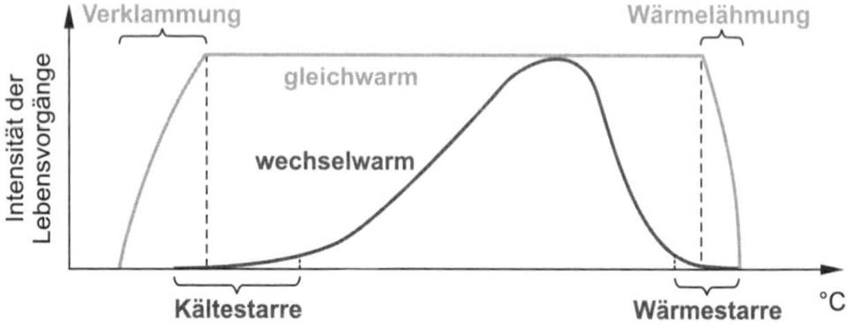

Vergleich der Intensität der Lebensvorgänge bei gleich- und wechselwarmen Tieren

Ein **aktives Leben** ohne Einschränkungen ist für Individuen nur innerhalb eines bestimmten **Temperatur-Toleranzbereichs** möglich. Dieser Sachverhalt kann mit einer **Optimumkurve** (siehe auch S. 52) beschrieben werden.
Bei den Gleichwarmen ist der **Toleranzbereich größer** als bei den Wechselwarmen. **Nachteil:** Gleichwarme haben hohen Energiebedarf für Kühlung oder Erwärmung.

3.3 Verflechtungen in Lebensgemeinschaften

Räuber-Beute-Beziehungen

Die **LOTKA-VOLTERRA-Regeln** beschreiben Gesetzmäßigkeiten, die sich bei der Populationsdynamik von Räuber-Beute-Beziehungen ergeben.
Obwohl für ihre Gültigkeit einige **Grundvoraussetzungen** gelten müssen (z. B. Räuberart ernährt sich nur von einer Beuteart, Beuteart wird nur von einer Räuberart bejagt), können die Regeln auch für reale Räuber-Beute-Beziehungen **brauchbare Abschätzungen** liefern.

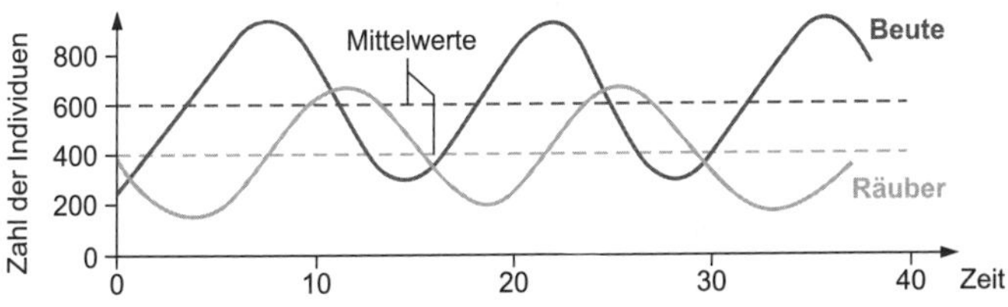

Räuber-Beute-Beziehungen nach LOTKA-VOLTERRA

- **1. LOTKA-VOLTERRA-Regel** (Gesetz des periodischen Zyklus): Ernährt sich eine Art (Räuber) von einer anderen Art (Beute), ergeben sich für beide Populationen phasisch gegeneinander verschobene Häufigkeitskurven. Die Maxima der Fressfeindpopulation folgen phasenverschoben denen der Beutepopulation.
- **2. LOTKA-VOLTERRA-Regel** (Gesetz von der Erhaltung der Mittelwerte): Die Häufigkeit sowohl des Räubers als auch seiner Beute schwankt jeweils um einen konstanten Mittelwert.
- **3. LOTKA-VOLTERRA-Regel** (Gesetz von der Störung der Mittelwerte): Werden Räuber- und Beutepopulation durch äußere Einflüs-

se gleich stark dezimiert, so wächst die Population der Beutetiere schneller wieder an als diejenige der Räuber.

Einsatz von Insektiziden gegen Schädlingsinsekten schädigt oft auch räuberische Insekten ⇒ Fraßdruck auf Schädlinge wird verringert.

Konkurrenz und Koexistenz

- **Intraspezifische Konkurrenz:** Wettbewerb der Lebewesen einer Art untereinander.
- **Interspezifische Konkurrenz:** Konkurrenz der Lebewesen unterschiedlicher Arten miteinander.

Bei der interspezifischen Konkurrenz gilt das …

- **Konkurrenzausschlussprinzip:** Arten, die die gleichen ökologischen Ansprüche haben, das heißt, die dieselbe Nische beanspruchen, können nicht dauerhaft im selben Ökosystem überleben.

Möglichkeit:

- **Konkurrenzvermeidung:** Unterschiedliche Arten können im selben Ökosystem existieren, wenn sie unterschiedliche ökologische Anforderungen (entwickelt) haben → **Koexistenz**.

Korrelationen und Rückkopplungen

In Lebensgemeinschaften kommt es zu gegenseitigen Beeinflussungen in Form von Wechselwirkungen und **(positiven und negativen) Rückkopplungen**, die in **Korrelationen** („+/–"-Beziehungen) dargestellt werden können.

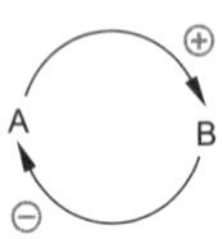

⊕ ⟶ • je mehr … desto mehr *oder*
• je weniger … desto weniger

⊖ ⟶ • je mehr … desto weniger *oder*
• je weniger … desto mehr

z. B.: A ⊕⟶ B:	viel Beute (A)	⇒	viele Räuber (B)	
	wenig Beute	⇒	wenige Räuber	
B ⊖⟶ A:	viele Räuber	⇒	wenig Beute	Räuber-Beute-
	wenige Räuber	⇒	viel Beute	Korrelation

Einfluss dichteabhängiger und -unabhängiger Faktoren auf die Populationsgröße

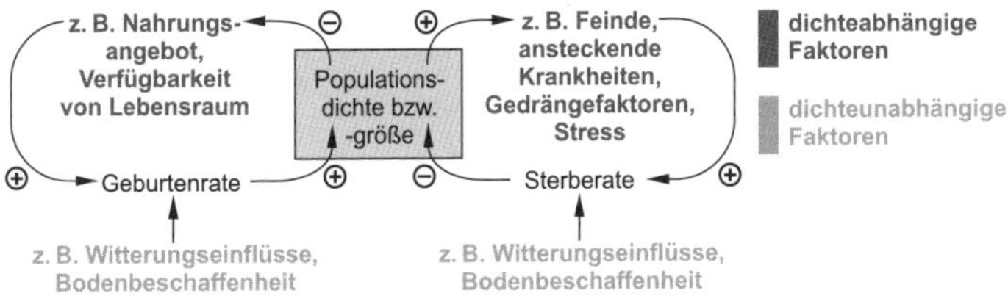

Symbiose und Parasitismus

- **Symbiose:** Vergesellschaftung von Organismen zweier Arten, bei der beide Partner einen Nutzen aus der Verbindung ziehen.
  - **Eusymbiose:** Obligatorische (zwingende) Symbiose.

    Flechten: Lebensgemeinschaft aus (Blau-)Algen und Pilzen
  - **Mutualismus:** Zusammenwirken ohne dass Beziehung lebensnotwendig ist.

    Lebensgemeinschaft aus Seeanemone und Einsiedlerkrebs
- **Parasitismus:** Zusammenleben von Organismen zweier Arten, bei dem einer der Partner auf Kosten des anderen existiert.
  - **Ektoparasitismus:** Parasit schmarotzt außerhalb des Wirts.

    Läuse, Flöhe, Stechmücken, Zecken und Milben am Menschen
  - **Endoparasitismus:** Parasit schmarotzt innerhalb des Wirts; z. T. mit komplizierten Entwicklungszyklen des Parasiten.

    Kleiner Leberegel in Landschnecken, Ameisen und Säugetieren

r- und K-Lebenszyklusstrategien

Bei den **r- und K-Lebenszyklusstrategien** handelt es sich um unterschiedliche Taktiken zur Erreichung eines möglichst großen Fortpflanzungserfolgs.

- **r-Strategen:** Produktion möglichst vieler Nachkommen in möglichst kurzer Zeit.

  Mikroorganismen, Blattläuse, Mäuse, Sperlinge
- **K-Strategen:** Optimale Betreuung weniger Nachkommen.

Mensch, Elefanten, Wale, große Greifvögel

Die Übergänge zwischen den beiden Strategien sind fließend.

Merkmal, z. B.	r-Strategen	K-Strategen
Konkurrenzfähigkeit	gering	größer
Fähigkeiten zur Selbstregulation	begrenzt	ausgeprägt
Lebensdauer	kurz	lang
Mortalitätsrate	hoch	gering
Zeit bis zur Geschlechtsreife	kurz	lang
Anzahl der Reproduktionen pro Lebensdauer	eine	häufig mehrere
Zeitpunkt der ersten Reproduktion	früh	spät
Nachkommenzahl pro Reproduktionsereignis	viele	wenige
Größe der Nachkommen oder Eier	klein	groß
elterliche Fürsorge	keine	sehr ausgeprägt

Vergleich zwischen idealisierten r- und K-Strategen

3.4 Neobiota

Neobiota: Invasive Arten, die durch menschlichen Einfluss aus ihrem angestammten Lebensraum in neue Ökosysteme verschleppt wurden und sich dort etablieren konnten. **Neophyten (Pflanzen)** und **Neozoen (Tiere)** können ein Ökosystem nachhaltig schädigen und auf Dauer verändern.

- Chinesische Wollhandkrabbe: Mit Ballastwasser von Schiffen nach Europa eingeschleppt, verdrängt einheimische Flusskrebsarten.
- Ratten: Auf pazifischen Inseln von Erkundungs- und Siedlerschiffen eingeschleppt, rotten vor allem bodenbrütende Vogelarten aus.
- Riesen-Bärenklau: Toxische, kaukasische Pflanze, die in Europa heimische Pflanzen verdrängt.

4 Eingriffe des Menschen in die Natur

kurzfristige Ertragsmaximierung vs. **nachhaltige Bewirtschaftung**

kurzfristige Ertragsmaximierung			nachhaltige Bewirtschaftung	
Monokulturen	chemische Schädlingsbekämpfung	nachwachsende Rohstoffe	Ressourcenschonung	biologischer bzw. integrierter Pflanzenschutz

Der Mensch **greift in Ökosysteme ein**, um sie in seinem Sinne zu verändern.

- Rodung von Waldflächen zur Gewinnung von Siedlungsraum.
- Bearbeitung von Landflächen zur Gewinnung von Arealen für den Nahrungsmittelanbau.

4.1 Ertragsmaximierung vs. nachhaltige Bewirtschaftung

Ertragsmaximierung	nachhaltige Bewirtschaftung
• Plünderung der Ressourcen • keine Rücksichtnahme auf eventuelle Folgewirkung des Handelns • (kurzfristige) Gewinnmaximierung als Leitmaxime	• ressourcenschonender Umgang mit der Umwelt • keine Erschöpfung der Produktivität des Ökosystems bei Nutzung von Rohstoffquellen • Regeneration des Ökosystems muss gewährleistet sein

Rodung der Waldbestände an der Mittelmeerküste Afrikas für den römischen Schiffsbau; Folgewirkung: Aufgabe der nordafrikanischen „Kornkammer Roms" in der Spätantike.

4.2 Nachwachsende Rohstoffe

- **Ziel: Nachwachsende Rohstoffe** sollen **endliche Rohstoffe** möglichst ersetzen.
- Besonders sinnvoll: Verwendung von Pflanzen mit schnellem Wachstum und hoher Produktivität an Biomasse.

- Holz (z. B. Buche, Eiche)
- Fette und Öle (z. B. Sonnenblume)
- Biokraftstoffe

4.3 Schädlingsbekämpfung und Pflanzenschutz

Ziel: Schutz der Ernteerträge vor Schädlingen.

- **Chemische Schädlingsbekämpfung:**
  Großflächiger Einsatz etwa seit den 1940er-Jahren.
  Grund: Durch Monokulturanbau kann es zu explosionsartiger Vermehrung spezifischer Schädlinge auf den Anbauflächen kommen.
  Probleme:
  – Schädigung anderer als der Schadorganismen
  – Anreicherung von Rückständen der Chemikalien im Boden
  – Auswaschung der Substanzen und deren Eintrag in Gewässer
  – Resistenzbildung bei den Schadorganismen

- **Biologischer Pflanzenschutz:**
  Strategien z. B.:
  – Einsatz von Fressfeinden
  – Einsatz von konkurrierenden Arten
  – Einsatz spezifischer Parasiten

- **Integrierter Pflanzenschutz:**
  Verknüpfung (Kompromiss) der Möglichkeiten und Maßnahmen der konventionellen und der biologisch ausgerichteten Landwirtschaft → biologischer Pflanzenschutz + sparsamer, zielgerichteter Einsatz chemischer Schädlingsbekämpfungsmittel.

Evolution

Evolution: Über die Generationen hinweg ablaufende Veränderung der erblichen Merkmale von Populationen (siehe S. 51).

1 Vielfalt und systematische Ordnung der Organismen

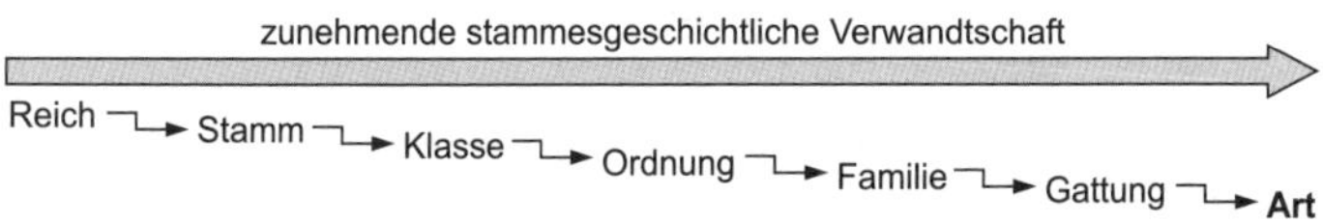

1.1 Die Art als Grundeinheit des natürlichen Systems

- **Biologischer Artbegriff:** Individuen gehören einer Art an, wenn sie miteinander unter natürlichen Bedingungen fruchtbare Nachkommen erzeugen können.
- **Artbastarde:** Nicht fortpflanzungsfähige Kreuzungen zwischen Angehörigen verschiedener Arten.
- **Unterart:** Gruppe innerhalb einer Art, die sich in bestimmten Merkmalen von anderen Gruppen derselben Art unterscheidet. Begriffe **Rasse** bzw. Sorte nur in Tier- bzw. Pflanzenzucht verwendet.
- **Binäre Nomenklatur:** Wissenschaftlicher Artname aus zwei Teilen: 1. Namensteil: Gattung; 2. Namensteil: Art

  Alpenkrähe (*Pyrrhocorax pyrrhocorax*) und -dohle *(Pyrrhocorax graculus)* sind Mitglieder der Gattung Bergkrähen (Pyrrhocorax).

1.2 Hierarchische Einteilung der Organismen

Systematische Kategorien

Ein- und Zuordnung der Lebewesen nach Verwandtschaftsgrad.

	Wolf	Heckenrose
Reich	Tiere	Pflanzen
Stamm/Abteilung	Chordatiere	Gefäßpflanzen
Unterstamm/-abteilung	Wirbeltiere	Samenpflanzen
Klasse	Säugetiere	Bedecktsamer
Ordnung	Raubtiere	Rosenartige
Familie	Hunde	Rosengewächse
Gattung	Canis	Rosa
Art	*Canis lupus*	*Rosa canina*

Phylogenetische Systematik

- Darstellung des Verwandtschaftsgrades von Lebewesen als stammesgeschichtliche Systematik in Form von Kladogrammen.
- **Kladogramm:** Grafische Darstellung als „Hat/hat-nicht-Beziehung" von Abstammungsgemeinschaften als Kladen (Taxa, Gruppen), ausgehend von einem nur ihnen gemeinsamen **Vorfahren (Stammart)**.
- Beweis für Abstammung von gemeinsamem Vorfahren: **abgeleitete**, sog. **apomorphe homologe Merkmale (Synapomorphien)**.

Milchdrüsen und Haarkleid aller Säugetiere

- Nicht geeignet: ursprüngliche, sog. **plesiomorphe homologe Merkmale (Symplesiomorphien)**.

Poikilothermie (keine konstante Körpertemperatur) bei allen Tiergruppen außer Vögeln und Säugetieren.

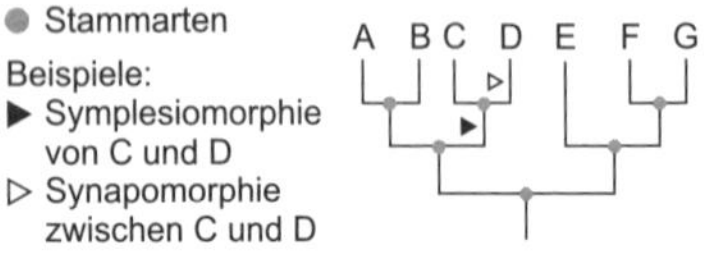

Beispiel für ein Kladogramm

1.3 Progressionsreihen

- Evolutive Fortentwicklung bei Organen/Organsystemen, dabei
- Differenzierung im Aufbau der Organe/Organsysteme.

Oberflächenvergrößerung durch Einstülpung der inneren Oberfläche bei den Lungen der Landwirbeltiere.

2 Artentstehung nach den Theorien von LAMARCK und DARWIN

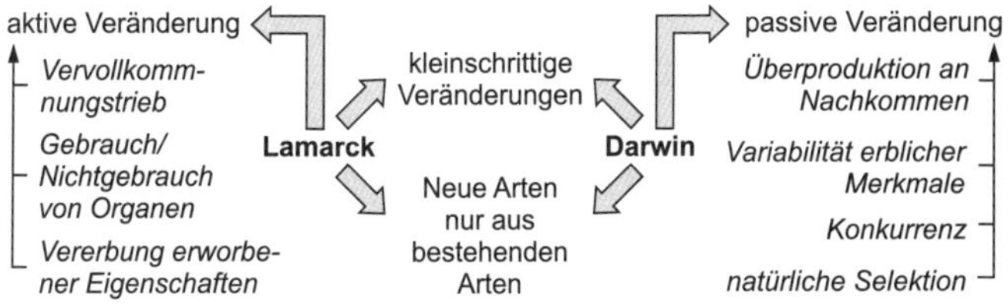

2.1 LAMARCKS Theorie der Evolution

Schrittweise (über viele Generationen hinweg) **aktive Anpassung** der Arten an ihre Umwelt durch Vererbung erworbener Eigenschaften ⇒ Artwandel, Artneubildung; Grundlagen:

- **Vervollkommnungstrieb:** Innerer Drang der Lebewesen, sich entsprechend den Erfordernissen der Umwelt zu ändern/anzupassen.
- **Gebrauch und Nichtgebrauch von Organen:** Ständiger Gebrauch verstärkt Organe, Nichtgebrauch führt zur Rückbildung.
- **Vererbung der erworbenen Eigenschaften:** Durch Gebrauch/Nichtgebrauch veränderte Merkmale werden an die Nachkommen vererbt.

Die Kernaussagen des Lamarckismus sind nach heutigem Wissensstand widerlegbar.

2.2 DARWINS Theorie der Evolution

Schrittweise (über sehr viele Generationen hinweg) **passives Angepasstwerden** der Arten an ihre Umwelt durch Wirken der Selektion ⇒ Artwandel, Artneubildung; Beobachtungen:

- **Überproduktion** an Nachkommen; trotzdem in der Regel Konstanz der Individuenzahl einer Art in einem Gebiet.
- **Variabilität** der Ausprägung der Merkmale von Individuen einer Art (heute: Unterschiede in der Merkmalsausprägung aufgrund von Mutation und Rekombination).

- **Vererbung:** unterschiedliche Ausprägungen der Merkmale zum großen Teil vererbbar.

Daraus abgeleitet:
- Individuen einer Art stehen in **Konkurrenz** um vorhandene Ressourcen (**„struggle for life"**).
- Individuen mit bestimmten Merkmalsausprägungen sind besser an herrschende Umweltbedingungen angepasst als Artgenossen ⇒ überleben häufiger als weniger gut Angepasste und haben mehr Nachkommen (höhere Fitness, siehe S. 88) → **natürliche Selektion („survival of the fittest")**.
- Vorteilhafte Merkmale setzen sich im Verlauf vieler Generationen in der Art durch.

Missbrauch von DARWINS Evolutionstheorie: Sozialdarwinismus („Recht des Stärkeren"; NS-Zeit: Ausmerzung „lebensunwerten" Lebens).

2.3 Vergleich der beiden Evolutionstheorien

	LAMARCK	DARWIN
Artwandel, Artneubildung durch	kleinschrittige Veränderungen der Individuen; neue Arten entstehen nur aus bestehenden Arten	
Vorgang der Veränderung der Arten durch	aktiven Anpassungsprozess der Individuen an ihre Umwelt	passives Angepasstwerden der Individuen an ihre Umwelt

3 Belege für die Evolution

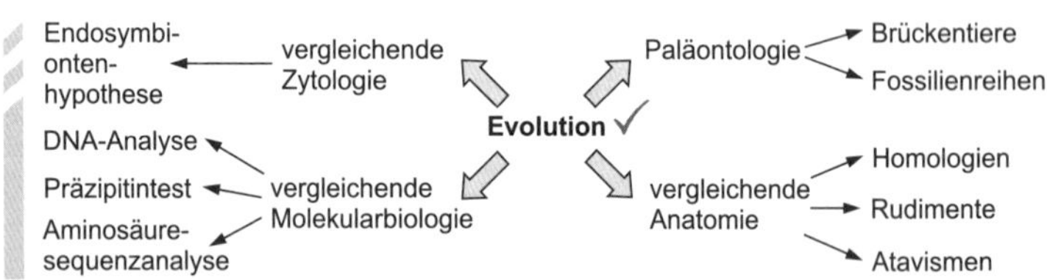

3.1 Belege aus der Paläontologie

Paläontologie: Wissenschaft von den als **Fossilien** erhaltenen Lebewesen vergangener Erdzeitalter.

Relative und absolute Altersbestimmung von Fossilien

- **Relative Altersbestimmung:** anhand der Lage von Fossilien im Sedimentgestein.
- **Absolute Altersbestimmung:** anhand von radioaktiven Zerfallsprozessen in den Fossilien.

  Uran-Blei-Datierung: Altersbestimmung von Gesteinsproben anhand der bekannten Dauer des radioaktiven Zerfalls von Uran zu Blei.

Befunde aus der Untersuchung von Fossilien

- Fossilien können fast immer **rezenten** (heute vorkommenden) Tier- und Pflanzengruppen zugeordnet werden.
- Je älter, desto stärkere Abweichungen zu rezenten Arten.
- Systematische Großgruppen (z. B. Klassen der Wirbeltiere) tauchen in den Schichtfolgen nacheinander auf.

  Brückentiere (-formen) tragen sowohl Merkmale einer stammesgeschichtlich älteren Gruppe als auch solche einer jüngeren Gruppe.
  - Fossil: Archaeopteryx mit Reptilien- (z. B. Kiefer mit Zähnen) und Vogelmerkmalen (z. B. Vogelfedern).
  - Rezent: Schnabeltier mit Reptilien- (z. B. Kloake) und Säugetiermerkmalen (z. B. Fell), Quastenflosser (Fisch- und Amphibienmerkmale).
- Möglichkeit, anhand von Funden **stammesgeschichtliche Reihen** aufzustellen, die Tendenzen bei Merkmalsveränderungen aufzeigen → **Regressionsreihen, Progressionsreihen**.

  Verwandtschaftsgruppe der pferdeartigen Tiere: Wechsel des Lebensraums (Wald → Steppe) führte u. a. zu …
  - fortschreitender Zunahme der Körpergröße (Progressionsreihe),
  - Rückbildung der Zehenzahl bis auf die zunehmend stärker werdende mittlere (3.) Zehe (Regressionsreihe) und
  - Vergrößerung der Backenzahn-Kauflächen (Nahrung: Blätter → Gras; Progressionsreihe).

3.2 Belege aus der vergleichenden Anatomie

Aufzeigen von Ähnlichkeiten der Anatomie verschiedener Organismenarten/-gruppen ⇒ u. U. Rückschlüsse auf Verwandtschaft.

Homologie („Abstammungsähnlichkeit")

Homologe Strukturen (Organe) bzw. Merkmale zeigen Übereinstimmungen aufgrund eines gemeinsamen Ursprungs (Abstammung der Träger von gleichen Vorfahren ⇒ gleicher/ähnlicher genetisch festgelegter Bauplan) ⇒ dienen als eindeutiger Hinweis auf Verwandtschaftsbeziehung zwischen Arten/Gruppen.

Überprüfen, ob Homologie vorliegt mithilfe der **Homologiekriterien:**

- **Kriterium der Lage:** Strukturen sind homolog, wenn sie oder ihre Einzelbestandteile im Körper der Organismen die gleiche Lage einnehmen.

  Vorderextremitätenskelett der Wirbeltiere

- **Kriterium der Kontinuität (Stetigkeit):** Strukturen sind homolog, wenn sie über eine Reihe von (embryonalen oder fossilen) Zwischenformen voneinander abgeleitet werden können.

  Schwimmblase der Knochenfische/Landwirbeltierlunge über Zwischenformen der Entwicklung bei Amphibien und Reptilien

- **Kriterium der spezifischen Qualität:** Strukturen sind homolog, wenn sie sich aus vergleichbaren Teilstrukturen zusammensetzen und in zahlreichen Einzelheiten ihres Baus übereinstimmen.

  Hautschuppen des Hais/Zähne des Menschen (Zahnschmelz mit darunterliegendem Dentin)

Funktionalität und Aussehen von homologen Organen kann sich durch **divergente Entwicklung** stark unterscheiden ⇒ ursprungsgleich, aber nicht immer funktionsgleich.

Vorderextremitäten der Wirbeltiere

Analogie („Funktionsähnlichkeit")

Analoge Strukturen (Organe) bzw. Merkmale haben keinen gemeinsamen Ursprung, weisen durch Wirkung von ähnlichem Selektionsdruck in ähnlichen/gleichen Lebensräumen aber ähnliche/gleiche Funktion auf ⇒ als Verwandtschaftskriterium ungeeignet.

Grabbein des Insekts Maulwurfgrille/Grabhand des Säugetiers Maulwurf

Analoge Organe entstehen immer durch **konvergente Entwicklung (Konvergenz):** Veränderung von Merkmalen verschiedener Organismen, die unabhängig voneinander verläuft, aber zu ähnlichen Formen führt ⇒ nicht ursprungsgleich, aber immer funktionsgleich.

Auch homologe Organe können sich konvergent entwickeln.

Flügel von Fledermäusen und Vögeln

Rudimente

Unvollständig ausgebildete Organe, die ihre ursprüngliche Funktion nicht mehr erfüllen → ehemals funktionsfähige Organe haben sich im Verlauf der Evolution zurückgebildet.

Mensch: Steißbein, Behaarung des Körpers, Wurmfortsatz

Atavismen

Auf einzelne Individuen beschränktes Wiederauftreten von im Verlauf der Stammesgeschichte zurückgebildeten Merkmalen.

Mensch: komplette, fellartige Körperbehaarung, überzählige Brustwarzen, Verlängerung des Steißbeins

3.3 Belege aus der vergleichenden Zytologie

Endosymbiontenhypothese (-theorie):

- Mitochondrien und Chloroplasten gingen aus ursprünglich frei lebenden prokaryotischen Organismen hervor.
- Von Eukaryoten-Vorläuferzellen endozytotisch aufgenommen und „in den eigenen Dienst gestellt" (für Zellatmung bzw. Fotosynthese).
- Belege für Richtigkeit der Hypothese u. a.:
  - Doppelmembran von Mitochondrien und Chloroplasten
  - prokaryotenähnliche, ringförmig geschlossene DNA

– Organellen mit eigenem Proteinbiosyntheseapparat
– selbstständige und unabhängige Vermehrung der Organellen
⇒ Hinweis auf gemeinsame Abstammung aller Eukaryoten.

3.4 Belege aus der vergleichenden Molekularbiologie

Substanzen, Merkmale und Vorgänge, die sich in den Zellen aller Organismen gleichen/ähneln:

- DNA und RNA zur Speicherung und Übertragung der genetischen Information.
- Genetischer Code in fast allen Zellen einheitlich verwendet.
- Proteinbiosynthese-Ablauf in allen Zellen nahezu identisch.
- 20 Aminosäuren bauen die Proteine auf.
- Für Funktion entscheidende Molekülbereiche wichtiger Enzyme (z. B. der Zellatmung).
- ATP als universeller Energieüberträger des Stoffwechsels

Nutzung der **abgestuften Ähnlichkeiten** von Proteinen (Aminosäuresequenz) und DNA verschiedener Arten zur Verwandtschaftsanalyse.
Grundüberlegung: Je länger Entwicklungslinien verschiedener Organismen getrennt verlaufen, desto größer sind die auf Mutationen beruhenden **Unterschiede** im Erbgut bzw. in den kodierten Proteinen.

Aminosäuresequenzanalyse

- Vergleich der Primärstruktur z. B. bestimmter Bereiche des Insulin- oder des Cytochrom-c-Moleküls verschiedener Organismenarten.
- Unterschiede in der Primärstruktur → Folge von Genmutationen. Je weniger Unterschiede zwischen zwei Arten vorhanden, desto kürzer die Zeit, die seit der Entstehung der beiden Arten aus gemeinsamem Vorfahren vergangen ist.

Präzipitintest (Serodiagnostik)

- **Ablauf:** Injektion z. B. menschlichen Blutserums in Kaninchen ⇒ Produktion von spezifisch gegen Serumproteine des Menschen gerichteten Antikörpern durch Immunsystem des Kaninchens → Vermischung des Kaninchenserums mit „Anti-Mensch-Antikörpern" mit Seren anderer Tiere ⇒ Ausfällung der tierischen Serumproteine.

- **Prinzip:** Je ähnlicher tierische Serumproteine den menschlichen, desto stärker die Ausfällung.

Schimpanse 85 % Ausfällung, Gorilla 64 %, Orang-Utan 42 %

DNA-Analyse (Messung der Ähnlichkeit der DNA)

Direkter Vergleich der DNA-Basensequenz:
Vermehrung der zu testenden DNA-Abschnitte mittels PCR (siehe S. 23) und anschließend DNA-Sequenzierung (siehe S. 24).

DNA-Hybridisierung:

- **Prinzip:** Je mehr komplementäre Basen zwei kombinierte Einzelstränge verschiedener Organismenarten haben, desto höher ist die zu Trennung der hybriden Stränge benötigte Temperatur (Schmelztemperatur) → hohe Schmelztemperatur ⇒ nahe Verwandtschaft.
- **Ablauf:** Isolierung der zu testenden DNA → Mischung der DNA beider Organismen → Trennung der Doppelstränge durch Erhitzen → Abkühlen → Hybridisierung; Unterscheidung hybrid/nicht-hybrid durch radioaktive Markierung oder Fluoreszenzmarkierung → Erwärmung und Ermittlung der Schmelztemperatur.

Schimpanse/Mensch 86,4 °C, Gorilla/Mensch 85,8 °C, Orang-Utan/Mensch 84,6 °C

4 Synthetische Evolutionstheorie

Veränderung der Allelfrequenzen innerhalb des Genpools einer Population durch ...

Mutation	**Rekombination**	**Selektion**	**Gendrift**	**Isolation**
⇩	⇩	⇩	⇩	⇩
Erhöhung der genetischen Vielfalt einer Population		Auswahl der am besten angepassten Individuen	zufällige, ungerichtete Veränderung von Allelfrequenzen	Verhinderung von Genfluss zwischen (Teil-) Populationen

Theorie der Artentstehung, die DARWINS Evolutionsvorstellungen mit Erkenntnissen aus Genetik, Ökologie etc. kombiniert.
Im Zentrum der Evolutionsvorgänge steht immer die **Population** (siehe S. 51). **Evolutionsfaktoren** (Mutation, Rekombination, Selektion,

Gendrift, Isolation) wirken auf die Zusammensetzung des Genpools ein ⇒ Veränderung der **Allelhäufigkeiten (Allelfrequenzen)**.

Genpool: Gesamtheit aller Allele einer Population. Eine Population hat einen gemeinsamen Genpool.

Gämsen: bilden in den Alpen und den Pyrenäen separate Populationen mit jew. eigenem Genpool; Mensch: eine Population, ein Genpool.

4.1 HARDY-WEINBERG-Gleichgewicht

Mittel der **Zustandsbeschreibung** des Genpools in Bezug auf eine **Allelhäufigkeit** für aktuelle Generation und zukünftige Generationen.

- Ausgangspunkt: Ideale Population (z. B. Panmixie, weder Zu- noch Abwanderung, keine Mutationen) ⇒ theoretische Annahme, unter realen Umweltbedingungen nicht gegeben.
- Mathematische Bestimmung der Häufigkeit unterschiedlicher Genotypen in einer Population.
  Formel: $p^2 + 2pq + q^2 = 1$ (AA + Aa + aA + aa = 1)

4.2 Evolutionsfaktoren

Mutation

Mutationen (siehe S. 12 ff.) ⇒ Vergrößerung des Genpools ⇒ Erhöhung der genetischen Vielfalt innerhalb einer Population → Ansatzpunkt für Selektion (siehe unten). Aber: nur selten positive Wirkung.

Rekombination

Rekombination: Neukombination von Erbanlagen bei der Meiose (siehe S. 29) und der Befruchtung (siehe S. 29) ⇒ Erzeugung neuer Allelkombinationen ⇒ Erhöhung der genetischen Vielfalt innerhalb einer Population → Ansatzpunkt für Selektion (siehe unten).

⇒ **Sexuelle Fortpflanzung** als bedeutender Motor der Evolution.

Selektion

Natürliche Auslese unter den Phänotyp-Varianten einer Population (denen verschiedene Allele zugrunde liegen) je nach herrschenden

Umweltbedingungen (Selektionsdruck) → Am besten angepasste Individuen haben **höhere Fitness** (höhere Überlebens- und Fortpflanzungsrate; siehe S. 88) ⇒ günstigere Allele werden häufiger, ungünstigere seltener weitergegeben ⇒ Verschiebung der Allelhäufigkeiten.

Selektionstypen:

- **Transformierende Selektion:** Bei sich verändernden Umweltbedingungen; Verschiebung der Merkmalsausprägung in Richtung der besseren Angepasstheit.

  Industriemelanismus beim Birkenspanner: Selektionsdruck in Richtung dunklerer Exemplare aufgrund von durch Luftverschmutzung bedingter anhaltender Dunkelfärbung der als Ruheplätze dienenden Birkenstämme.

- **Stabilisierende Selektion:** Bei stabilen Umweltbedingungen; vom Durchschnittstyp abweichende Varianten haben einen Selektionsnachteil ⇒ Verringerung der Variationsbreite.

  Selektion von Sperlingen mit (im Vergleich zum Populationsdurchschnitt) extrem langen oder kurzen Flügeln durch starke Stürme.

- **Aufspaltende Selektion:** Bei sich verändernden Umweltbedingungen; Extreme einer Merkmalsausprägung werden von der Selektion bevorzugt.

  Darwin-Finken (siehe S. 88)

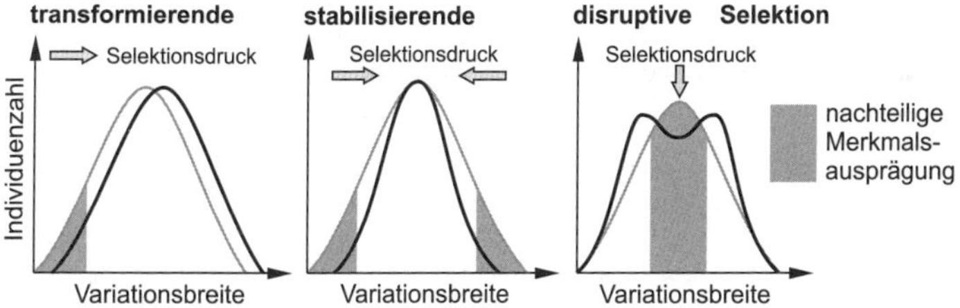

Selektionsfaktoren:

Umweltbedingungen, die für die gerichtete Verschiebung von Allelhäufigkeiten verantwortlich sind.

- **abiotische Selektionsfaktoren:** Einflüsse der unbelebten Umwelt.

  Wind, Temperatur, Feuchtigkeit, Belichtung

- **biotische Selektionsfaktoren:** Einflüsse der belebten Umwelt.

- **Intraspezifische (innerartliche) Konkurrenz** (siehe S. 68) um Nahrung, Aufenthaltsorte, Geschlechtspartner (**sexuelle Selektion** [geschlechtliche Zuchtwahl] wirkt auf Merkmalsausprägung durch Bevorzugung von Partnern des anderen Geschlechts, die spezifische körperliche Merkmale aufweisen).
- **Interspezifische (zwischenartliche) Konkurrenz** (siehe S. 68)
- **Fressfeinde:** Können bei Beutetieren zur Ausbildung von Schutzmerkmalen führen: **Mimese** (Verbergetracht; Nachahmung von Teilen der belebten wie der unbelebten Umwelt zur Tarnung), **Warntracht** (auffällige Farben/Zeichnungen weisen auf Giftigkeit o. Ä. hin), **Mimikry** (Scheinwarntracht; Nachahmung der Warntracht giftiger Arten durch eigentlich harmlose Spezies).
- **Parasiten und Krankheitserreger**

Entwicklung von Resistenzen:
Durch (nicht konsequente) Bekämpfung (≙ Selektionsdruck) von Schädlings- oder Krankheitserreger-Populationen mit Wirkstoffen (≙ Umweltfaktoren) kann es dazu kommen, dass sich zufällig vorhandene **Mutanten mit Resistenzgenen** durchsetzen und ausbreiten.

Antibiotika-Resistenz bei Bakterien, Resistenzen von Insekten gegen Schädlingsbekämpfungsmittel

Präadaptation (Vor-Anpassung):
Im Genpool vorhandene unter den aktuell gegebenen Bedingungen weder Vor- noch Nachteile bringende Mutationen können bei sich **verändernder Umwelt positiven Selektionswert** erhalten → Erlauben schnelle „Antwort“ auf neue Gegebenheiten.

Gendrift

Zufallsbedingte ungerichtete Veränderung von Allelhäufigkeiten im Genpool vor allem kleiner Populationen → Verringerung der genetischen Variabilität, Verschwinden vorteilhafter Allele möglich.

- **Gründereffekt:** Wenige zufällig aus einer Population „ausgewählte“ Individuen besiedeln einen neuen Lebensraum.
- **Flaschenhalseffekt:** Starke Verkleinerung einer Population durch Katastrophenereignisse; zufallsbedingtes Überleben einzelner Individuen.

⇒ Genpool der Gründerindividuen bzw. der Individuen, die das Flaschenhalsereignis überlebt haben, umfasst nur einen kleinen, zufällig „ausgewählten" Teil der Allele der Ursprungspopulation.

Isolation

Verhinderung des Genflusses zwischen (Teil-)Populationen einer Art. Bei langfristigem Andauern der Trennung: Entstehung neuer Arten möglich (siehe unten).

4.3 Nicht wissenschaftliche Gegenpositionen zur synthetischen Evolutionstheorie

Kreationismus

- Vertreter nehmen Bibel wörtlich: z. B. Erschaffung der Welt und Entstehung der Artenvielfalt in sieben Tagen.
- Dogmatisch, wissenschaftsfeindliche Glaubensangelegenheit; vehemente Ablehnung naturwissenschaftlicher Erklärungsmodelle.

Intelligent Design (ID)

- Grundgedanke: Intelligenter Schöpfer (Gott) wird vorausgesetzt, da Erde mit allen Lebewesen darauf zu komplex ist, als dass sie selektionsgesteuert durch reinen Zufall entstanden sein könnte.
- Durch intelligenten Designer ist biologische Schöpfung zielgerichtet abgelaufen.

5 Artentstehung – Zusammenwirken von Evolutionsfaktoren

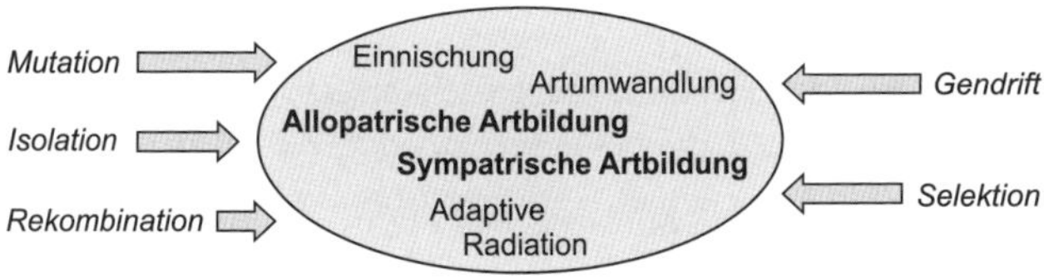

5.1 Allopatrische Artbildung

Artentstehung beruht auf **geografischer Isolation (Separation)**.

- **Geografische Trennung** (z. B. durch Vereisung, Versteppung, Meeresspiegelanstieg, Besiedlung entlegener Gebiete) einer Population in zwei Teilpopulationen.
- **Unterschiedliche Entwicklung** der Teilpopulationen durch Gendrift, unterschiedliche Mutations- und Rekombinationsereignisse, unterschiedlichen Selektionsdruck.
- Dadurch Entwicklung von Unterarten und schließlich von **reproduktiv isolierten** (siehe unten) Arten möglich. Fortpflanzungsbarrieren wirken dann auch, wenn die räumliche Trennung der neu entstandenen Arten aufgehoben wird.

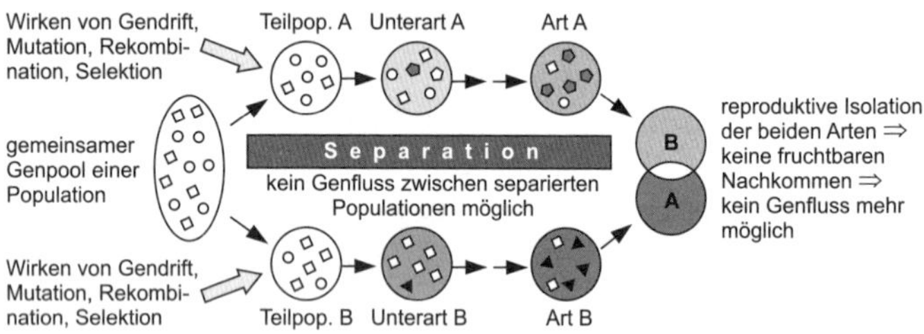

5.2 Sympatrische Artbildung

Artentstehung **ohne geografische Trennung**, d. h. im selben Gebiet. **Reproduktive Isolation** z. B. durch **Polyploidisierung** (siehe S. 13).

5.3 Mechanismen der reproduktiven Isolation

Isolationsmechanismen verhindern Genfluss zwischen Populationen.

- Zeitliche Isolation

  Roter und Schwarzer Holunder blühen zeitversetzt.

- Räumliche Isolation

  Menschen- und Schweinespulwurm sind streng wirtsspezifisch.

- Biochemische Isolation

  Kein Wachstum eines Pollenschlauchs auf der Narbe einer fremden Spezies aufgrund chemischer Unverträglichkeit.
- Ethologische (Verhaltensbiologische) Isolation

  Arten unterscheiden sich in Balz- und Paarungsverhalten.
- Anatomische und physiologische Isolation

  Komplizierte, artspezifische Kopulationsorgane bei vielen Insekten.
- Polyploidisierung (siehe S. 13)
- Hybridsterilität

  Keimdrüsen der Artbastarde nicht normal ausgebildet, fehlerhaft ausgeführte Meiose (z. B. bei Kreuzung Pferd/Esel, Tiger/Löwe).

5.4 Artumwandlung

Umwandlung einer Art über einen sehr langen Zeitraum durch Änderung einzelner Artmerkmale, **ohne** die **Ausbildung neuer Arten**.

Abwandlung der Gehäuseform der Wasserschnecke *Viviparus*.

5.5 Einnischung

Anpassung einer Art an eine bestimmte ökologische Nische.

Prinzip: Zwei Arten mit identischen Ansprüchen besetzen in einem Lebensraum dieselbe ökologische Nische → auf Dauer nicht möglich (Konkurrenzausschluss, siehe S. 68) ⇒ Eine der beiden Arten wird entweder verdrängt oder evolutive Prozesse bewirken die Veränderung einer der beiden Arten, die dadurch eine freie ökologische Nische besetzen kann (Konkurrenzvermeidung, siehe S. 68).

5.6 Adaptive Radiation

Auffächerung einer Stammart/Artengruppe **in viele neue Arten**, die unterschiedliche ökologische Nischen besetzen.

Voraussetzung: Zahlreiche freie ökologische Nischen müssen zur Verfügung stehen → Art besiedelt z. B. bisher nicht von möglichen Konkurrenten bewohnte Inseln.

Beuteltiere in Australien; **DARWIN-Finken** auf Galapagos:

- Gründerpopulation einer Stammart körnerfressender vorwiegend bodenlebender Finken (relativ unspezialisiert) wird auf Insel des Galapagos-Archipels verschlagen.
- Starkes Populationswachstum, da gutes Ressourcenangebot, keine Konkurrenz und keine Fressfeinde.
- Zunehmende innerartliche Konkurrenz um begrenzte Ressourcen ⇒ Selektionsdruck begünstigt Individuen, die aufgrund veränderter Merkmale z. B. neue Nahrungsquellen nutzen können ⇒ Ausweichen auf unbesetzte ökologische Nischen.
- Separation von Teilpopulationen durch zufällige Besiedelung weiterer Inseln ⇒ Entwicklung in unterschiedliche Richtungen durch Gendrift, anderen Selektionsdruck, unterschiedliche Mutationen/ Rekombinationen ⇒ Entstehung von 14 reproduktiv isolierten Finkenarten, die unterschiedliche ökologische Nischen besetzen.

6 Verhalten, Fitness, Anpassung

- **Verhalten/Ethologie:** Alle von außen erkennbaren Bewegungen, Körperhaltungen, Kommunikationsformen und Reaktionen, die von innerer Bereitschaft und äußeren Reizen abhängig sind.
- **Fitness:** Angepasstheit oder Tauglichkeit eines Organismus, die beispielsweise anhand der Nachkommenzahl bzw. des Beitrags zum Genpool der kommenden Generation bestimmt werden kann.
- **Anpassung:**
  Entweder: Prozess, in dem Lebewesen im Verlauf der Generationen bezüglich der auf ihrer genetischen Ausstattung beruhenden Merkmale an herrschende Umweltbedingungen angepasst werden.

Oder: Ergebnis des Anpassungsprozesses, mit dem Lebewesen optimal im Lebensraum existieren können.

6.1 Kosten-Nutzen-Prinzip bei Konkurrenz um Ressourcen

Bei der Konkurrenz um **begrenzte Ressourcen** (z. B. Nahrung, Lebensraum, Geschlechtspartner) verhalten sich Organismen nach dem **Kosten-Nutzen-Prinzip**. Je nach ihren Bedürfnissen/ihrer Fitness-Maximierung verfolgen sie spezifische Strategien.

JARMAN-BELL-Prinzip bei der Nahrungswahl: Kleine pflanzenfressende Säugetiere wählen vor allem Pflanzen(teile) mit hohem Nährstoffgehalt/Energiegehalt als Nahrung aus. Für größere pflanzenfressende Säugetiere ist auch die Nutzung von Pflanzen(teilen) mit niedrigerem Nährstoffgehalt/Energiegehalt effizient, sie benötigen dann aber sehr viel mehr Futtermasse.

6.2 Fortpflanzungsstrategien

- Ziel: **Fitnessoptimierung**
- Prinzipielle Unterscheidung zwischen **r-Strategie** (Produktion möglichst vieler Nachkommen; siehe S. 69 f.) und **K-Strategie** (hohe Investition in kleine Nachkommenschaft und deren Aufzucht; siehe S. 69 f.).

(Eltern-)Investment

Aufwendung von Ressourcen durch die Elternorganismen mit dem Ziel der Erhöhung der Überlebenschancen für die Nachkommen.

- **Nutzen:** Weitergabe der eigenen Gene an die Folgegenerationen wahrscheinlicher.
- **Kosten:** Investition wertvoller Ressourcen.

⇒ Fortpflanzungsstrategie mit komplexer Kosten-Nutzen-Abwägung, dabei oft Asymmetrie des Investments:

- **Weibchen:** Investieren immer in eigene Gene. Suchen zur eigenen Fitnessmaximierung Partner, die selbst viel in Nachwuchs investieren (Revierverteidigung, Schutz, Nahrungsbeschaffung).

- **Männchen:** Nicht immer sicher, ob sie die Väter „ihres" Nachwuchses sind. Versuch der Maximierung der eigenen Fitness auch hier durch möglichst geringes eigenes Investment.
  Bei intensiver Beteiligung an Aufzucht der Nachkommen: Maßnahmen ergreifen, die Vaterschaft sicherstellen (z. B. Bewachung/Abschirmung des Geschlechtspartners).

Partnerwahl

- Wahl des Sexualpartners mit **Balzverhalten** und **ritualisierten Handlungen** als **sexuelle Auslöser**.
- In der Regel: Männliche Individuen balzen um Gunst der Weibchen.

Paarungssysteme

- **Monogamie:** Saisonale (eine Fortpflanzungsperiode) oder dauerhaft (bis zum Tod eines der Partner) bestehende Verbindung zwischen einem Männchen und einem Weibchen einer Tierart.
  Oft relativ ausgeglichenes Elterninvestment.
  Saisonal: Buntbarsch, Fuchs; dauerhaft: Graugans, Kolkrabe
- **Polygamie:** Verpaarung mehrerer Individuen des einen mit einem oder mehreren Individuen des anderen Geschlechts.
  - **Polyandrie** („Vielmännerei"): Ein Weibchen, mehrere Männchen.
    Wasserläufer, Goldschnepfen
  - **Polygynie** („Vielweiberei"): Ein Männchen, mehrere Weibchen.
    Löwen, Kolibris
  - **Polyandrie** („Promiskuität"): Fortpflanzungsgruppe mit Paarung jedes Mitglieds des einen mit jedem Mitglied des anderen Geschlechts.
    Große Menschenaffen, Blaumeisen

Formen des Zusammenlebens von Individuen einer Art

- **Zufällige Aggregation:** Unabsichtliche Ansammlung ohne Interaktionen der Einzeltiere.
  Quallen

- **Offener anonymer Verband:** Schwarmbildung, meist zum ohne individuelles Verhältnis der Schwarmmitglieder. Ind können Schwarm verlassen und sich einem anderen anschließen.

  Heringe

- **Geschlossener anonymer Verband:** Mitglieder des Verbands erkennen sich an spezifischen Signalen; ohne individuelles Verhältnis; unter Umständen soziale Interaktionen (z. B. Fütterung).

  Bienen, Ameisen

- **Individualisierter Verband:** Mitglieder einer Gruppe kennen sich als Einzelpersönlichkeiten und interagieren sozial innerhalb einer Rangordnung.

  Hühnervögel, Wölfe

Koevolution

Wechselseitige Anpassung unterschiedlicher Arten oder Artengruppen durch sich gegenseitig beeinflussende evolutive Entwicklung.

- **Vorteil:** Steigerung der Fitness
- **Nachteil:** Starke Abhängigkeit; bei sehr enger Verbindung führt beispielsweise das Aussterben des einen Partners mit hoher Wahrscheinlichkeit auch zum Aussterben des anderen.

Blütenpflanzen und ihre Bestäuber (Symbiose)

7 Stammesgeschichte des Menschen

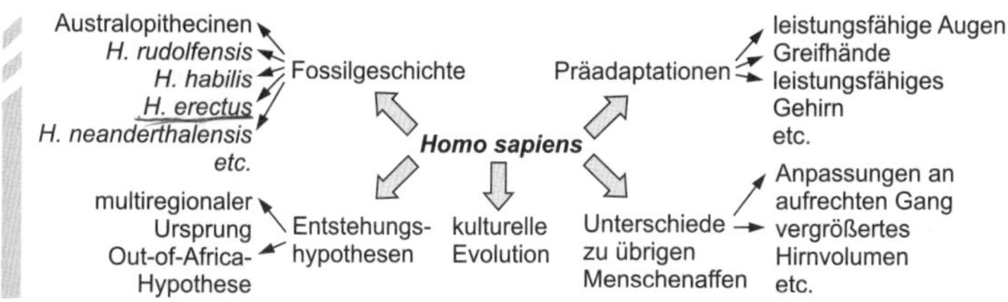

Mensch, Schimpansen (nächster Verwandter des Menschen), Gorillas und Orang-Utan bilden Familie der **Menschenaffen** innerhalb der Ordnung der **Primaten**.

7.1 Anpassungstendenzen der Primaten und ihre Bedeutung für den Menschen

Ausgangsform: Bodenbewohnende Insektenfresser ⇒ guter Geruchssinn, wenig leistungsfähige Augen.

Entwicklung: Anpassung an Leben auf Bäumen von entscheidender Bedeutung für weitere Entwicklung des Menschen im Lebensraum offene Savannenlandschaft (**Präadaptationen**, siehe S. 84):

- **Vergrößerung** der **Augen** ⇒ bessere Orientierung im Geäst → Mensch: Erkennen von Feinden und Beutetieren auf große Distanz im offenen Gelände.
- **Verlagerung** der **Augen** nach vorne ⇒ ermöglicht räumliches Sehen, günstig für Entfernungsabschätzung beim Klettern im Geäst → Mensch: Entfernungsabschätzung im offenen Gelände.
- **Vergrößerung** des **Großhirns** und stärkere **Faltung** der **Großhirnrinde** ⇒ schnelle Entscheidungsfindung bei Fortbewegung im Geäst → Mensch: enorme Planungsfähigkeit.
- Hände und Füße als **Greiforgane** durch opponierbare Daumen und Großzehen ⇒ fester Griff beim Klettern → Mensch: große handwerkliche Geschicklichkeit.
- **Gleichgewichtsorgan** und **Kleinhirn** werden leistungsfähiger ⇒ geschickte Fortbewegung im Geäst → Mensch: ermöglicht zweibeinige Fortbewegung ⇒ Überblick über Umgebung, besserer Schutz gegen Überhitzung, Hände frei für andere Aufgaben.

7.2 Vergleich Mensch/übrige Menschenaffen

	Mensch	**übrige Menschenaffen**
Fortbewegung	aufrecht, zweibeinig	in der Regel vierbeinig
Körperhaltung im aufrechten Stand	Oberschenkel und Wirbelsäule in gerader Linie ⇒ Schwerpunkt im Becken ⇒ geringer Kraftaufwand beim zweibeinigen Gehen	Oberschenkel gegen Wirbelsäule abgeknickt ⇒ Schwerpunkt vor Wirbelsäule

Körperproportionen	Beine länger als Arme ⇒ größere Schrittweite	Arme länger als Beine ⇒ größere Greifweite
Wirbelsäule	doppelt-s-förmig ⇒ Abfederung der Last von Kopf und Rumpf beim Laufen	gerade oder bogenförmig
Becken	breit und schüsselförmig ⇒ kann Eingeweide tragen + größerer Geburtskanal	lang und schmal
Füße	gewölbter Lauffuß ⇒ Abfederung der Körperlast	Greiffuß
Hände	Hände frei, da zweibeinige Fortbew.; Daumen lang, beweglich, opponierbar ⇒ Präzisionsgriff	Daumen kurz, kaum opponierbar
Schädelvolumen	ca. 1 500 mL ⇒ großes Gehirn	ca. 500 mL
Hinterhauptsloch	Zentrum Schädelunterseite ⇒ Schädel ruht gut ausbalanciert auf Wirbelsäule	hinterer Bereich des Schädels
Stirn	steile, hohe Stirn ⇒ Erweiterung des Hirnraums nach vorne	sehr flache, fliehende Stirn
Gesichtsschädel	flach; Oberkiefer unter Hirnschädel verlagert ⇒ Kopf besser ausbalanciert und Überaugenwülste können reduziert werden	Schnauze; starke Überaugenwülste zum Auffangen des Kaudrucks
Zahnreihen	parabelförmig ⇒ mehr Raum für Zähne	u-förmig, Affenlücke, dolchartige Eckzähne
Kinn	vorspringend ⇒ erhöhte Festigkeit der Verbindung beider Unterkieferäste	fliehend ⇒ Affenplatte nötig
Chromosomenzahl	46: Chromosom 2 aus zwei verschmolzenen Chromosomen	48

Große Übereinstimmungen bei immunologischer Ausstattung (z. B. AB0-Sytem der Blutgruppen) bei Aminosäuresequenz wichtiger Proteine und bei Basensequenz der DNA.

7.3 Fossilgeschichte des Menschen

Durch Fossilfunde belegt: stammesgeschichtliche Entwicklung zum Menschen begann vor ca. 5 Millionen Jahren (letzter gemeinsamer Vorfahre von Menschen und übrigen Menschenaffen) → **Tier-Mensch-Übergangsfeld (TMÜ)**.

Problem bei der Rekonstruktion der stammesgeschichtlichen Entwicklung, die zum Menschen führte: geringe Anzahl und häufig schlechter Erhaltungszustand der Fossilien ⇒ Verwandtschaftsverhältnisse z. T. noch nicht geklärt.

Australopithecus-Gruppe (Vormenschen)

- Alter: ca. 4–1,5 Mio. Jahre („Lucy")
- Lebensraum: offene und halb offene Savannenlandschaft in Süd- und Ostafrika
- Nahrung: wahrscheinlich Pflanzen und Kleintiere
- Wahrscheinlich bereits ständig aufrechter Gang (Laetoli-Fußspuren)
- Gesichtsschädel noch deutlich vorspringend, deutliche Überaugenwülste, fliehendes Kinn, Gehirnvolumen noch rel. gering

Frühe Homo-Formen

- Alter: *Homo rudolfensis* ca. 2,5–1,8 Mio. Jahre, *Homo habilis* ca. 2–1,5 Mio. Jahre
- Lebensraum: Savannen Afrikas
- Nahrung: Pflanzen, Kleintiere, Aas (⇒ erhöhter Eiweißanteil der Nahrung begünstigt Gehirnentwicklung)
- Herstellung einfacher Steinwerkzeuge („pebble tools")

Homo-erectus-Gruppe (Frühmenschen)

- Alter: ca. 1,8 Mio.–300 000 Jahre
- Lebensraum: Ostafrika, Süd- und Ostasien, Europa
- Nahrungserwerb: Jäger großer Säugetiere (⇒ deutliche Erhöhung des Eiweißanteils) und Sammler
- Herstellung leistungsfähiger Steinwerkzeuge (z. B. Faustkeile), Speere und Lanzen als Fernwaffen

- Nutzung des Feuers
- Erste Auswanderung der Gattung Homo aus Afrika nach Asien und Europa (vor ca. 1,8 Mio. Jahren)
- Vorfahre von *Homo neanderthalensis* und *Homo sapiens*

Homo neanderthalensis (Neandertaler)

- Alter: ca. 200 000–30 000 Jahre
- Lebensraum: Europa, Vorderasien
- Nahrungserwerb: Jäger und Sammler
- Körperbau: kompakt und gedrungen ⇒ Selektionsvorteil durch geringe Wärmeabgabe (Eiszeitklima)
- Hohe Werkzeugkultur: vielfältige, fein bearbeitete Geräte
- Vermutlich religiöse Vorstellungen, Bestattung der Toten
- Ausgestorben vor 30 000 Jahren; u. U. verdrängt aus ökologischer Nische durch *H. sapiens* oder Vermischung mit diesem

Homo sapiens (moderner Mensch)

- Alter: ca. 150 000–heute
- Lebensraum: zunächst Afrika, offene und halb offene Savannenlandschaft, dann Ausbreitung über die ganze Erde
- Nahrungserwerb: Jäger (eiweißreiche Nahrung) und Sammler
- Hochstehende Kultur, erste Kunstwerke (Höhlenmalereien, Kleinplastiken)
- Einziger lebender Vertreter des menschlichen Stammbaums
- Kennzeichen des Menschen: Herstellung von Werkzeugen, ständig aufrechter Gang, Sprechfähigkeit → Selektionsvorteil, da so differenzierte Verständigung möglich ⇒ z. B. Regelung des Zusammenlebens in der Gruppe

Hypothesen zur Entstehung des modernen Menschen

- **Out-of-Africa-Hypothese:** *Homo sapiens* entstand in Afrika aus *Homo erectus* und breitete sich von dort über die ganze Erde aus. Wahrscheinlich zutreffende Hypothese, da beste Erklärung für extrem geringe genetische Unterschiede zwischen den „Menschengruppen“ → alle Menschen gehören einer Art an, ohne Unterarten, „Rassen“ o. Ä.

- Hypothese des **multiregionalen Ursprungs:** Verschiedene Gruppen des *Homo sapiens* entstanden in verschiedenen Regionen der Erde unabhängig voneinander aus unterschiedlichen *Homo-erectus*-Populationen.
  Unwahrscheinliche Hypothese, da extrem geringe genetische Unterschiede zwischen den „Menschengruppen“; Theorie wird mitunter als Fundament für pseudo-wissenschaftliche rassistische Ideologien genutzt.

Kulturelle Evolution des Menschen

- Entwicklung analog zur biologischen Evolution: Neue kulturelle Ideen (≙ Mutationen) → Prüfung auf Brauchbarkeit des neuen Gedankens durch Gruppenmitglieder (≙ Selektion).
- Grundlagen für die kulturelle Evolution:
  - Bau der Hand
  - Leistungsfähige Gehirnfelder
  - Wortsprache und Schrift → verantwortlich für hohe Geschwindigkeit der kulturellen Evolution

Stichwortverzeichnis